JN104802

野菜を自動仕分けするAIマシン製作奮闘記

IT農家のラズパイ製
ディープ・ラーニング・
カメラ

小池 誠 著

CQ出版社

はじめに

次世代の農業として「スマート農業」が注目されています．スマート農業とは，ロボット技術やAI・IoTなどの最新テクノロジを活用することで，農業の超省力化や高品質生産を実現するための取り組みです．今，日本の農業の現場では担い手不足や高齢化が大きな課題となっています．平成の30年を振り返ってみると，農業就業人口は482万人から175万人へと半数以下にまで減少し，平均年齢は56.7歳から66.6歳へと10歳ほども高齢化が進みました注．この様な状況の中で，安全でおいしい作物を安定的に生産するためには，新しいテクノロジを活用した農業の実現が不可欠です．

筆者は，静岡県で農家を営んでいます．農作業を行うかたわら，2016年ごろから「ディープ・ラーニング」という新しいテクノロジを活用して「キュウリ選別機」の開発に取り組んできました．本書では，今までの取り組みの中より，試作3号機となるテーブル型選別システムの作り方について解説しています．

本書は，まず初めにディープ・ラーニングの概要を述べ，続く第1部では枝豆画像を例に画像分類タスクを解く方法について解説しています．読者が実際にプログラムを動かしながら学べるよう，実行可能なソースコードや教師データセットなども用意しました．そして，第2部では応用編として，テーブル型キュウリ選別システムについて，設計方針から実装・評価まで詳細に解説しています．

注：農業センサス（https://www.maff.go.jp/j/tokei/census/afc/）より

2

本書の内容が，ディープ・ラーニングの活用を考えている読者の参考になれば幸いです．

2020年2月　小池 誠

本書は月刊『Interface』2018年1月号〜7月号，2019年3月号〜2020年1月号の連載「IT農家のディープ・ラーニング」の内容を再編集・加筆してまとめたものです．

目　次

本書は月刊『Interface』2018年1月号～7月号，2019年3月号～2020年1月号の連載「IT農家のディープ・ラーニング」の内容を再編集・加筆してまとめたものです．

イントロダクション
農耕機械の自動運転から大きさの選別,温度管理もお任せ!

だれでもプロ農家になれる「ディープ・ラーニング」

今,ディープ・ラーニングがさまざまな業界で注目されています.「AI」や「人工知能」といった言葉がニュースなどで良く取り上げられるようになりましたが,現在のこのAIブームが起こるきっかけとなったのがディープ・ラーニングという技術です.今までこういった技術とは少し疎遠だった農業でも,ディープ・ラーニングが活用され始めています.その背景として,農業就業者人口の減少や高齢化といった社会問題があり,その解決の一翼を担うかたちで最新のITテクノロジを活用したスマート農業が注目されているからです.

本イントロダクションでは,まずディープ・ラーニングについて解説し,農業での活用方法を考えてみます.

■ ディープ・ラーニングとは

● 囲碁で人間に勝利して注目を集めた「AlphaGo」

2016年,世界トップ・レベルの囲碁棋士イ・セドル氏と,Google傘下のDeepMind社が開発した囲碁プログラムAlphaGo(図1)との対局が行われました.

この対局は世界の注目を集め,4勝1敗でAlphaGoが勝利しました.そして,結果はまたたく間に世界を駆け巡り,多くのコンピュータ研究者たちを驚かせました.コンピュータが囲碁で人間のトップ・プレイヤに勝つのは,まだまだ先のことだと思われて

図1[(1)] ディープ・ラーニング技術を使った囲碁プログラム「AlphaGo」と世界トップ・レベル棋士のイ・セドル氏の対局のようす

4勝1敗でAlphaGoが勝利．コンピュータにとって人間に勝つのが難しいと言われてきた種目での勝利には，多くのコンピュータ技術者が驚いた

いたからです．

▶人間とコンピュータの対決の歴史

　囲碁に限らず，チェスや将棋といったボード・ゲームを使った人間とコンピュータの対決は，昔から行われてきました．

- 1997年5月：チェス

  当時のチェス世界チャンピオン ガルリ・カスパロフ 氏 vs ディープ・ブルー(IBM)がチェス6番勝負を行い，2勝1敗3引き分けでディープ・ブルーが勝利した

- 1997年8月：オセロ

  当時のオセロ世界チャンピオン 村上 健 氏 vs ロジステロ(NEC北米研究所のマイケル・ブロ氏が開発)がオセロ6番勝負を行い，6勝0敗でロジステロが勝利した

- 2010年10月：将棋

  当時の女流王将 清水 市代 氏 vs あから2010(情報処理学会 コンピュータ将棋プロジェクト)が対戦し，あから2010

が勝利した．2017年には，当時現役名人のタイトル・ホルダである佐藤　天彦　氏とPonanzaが対局し，Ponanzaが勝利した

- 2016年3月：囲碁
  世界トップ・レベルの囲碁棋士イ・セドル氏 vs AlphaGo（Google DeepMind）が囲碁5番勝負を行い，4勝1敗でAlphaGoが勝利した．2017年には，同じく世界トップ・レベルの囲碁棋士であるカ・ケツ氏と3番勝負を行い，3勝0敗でAlphaGoが勝利している

▶囲碁に重要なのは感覚的な形勢判断

　この中でも囲碁は，コンピュータにとって最も人間に勝つのが難しい種目と言われてきました．理由の1つは，膨大な探索範囲と盤面の形勢判断の難しさです．囲碁の碁盤には19×19の格子が描かれており，その縦線と横線が交差する点に自由に碁石を置くことができます．有効な局面数を計算すると10の170乗に及びます．オセロが10の28乗，チェスが10の50乗であるのと比較すると，囲碁の膨大さが良くわかります．

　囲碁では，大局的な形勢判断が重要だと言われてきました．対局中は論理的思考を司る左脳よりも，図形的パターン認知を司る右脳が活発に活動することも明らかになっています．プロ囲碁棋士の対局解説などを見ていると，局面を塗り絵に例えるなど，一枚の絵画として解釈する場面もしばしば見られます．

　元来コンピュータは，このような大局的な判断を行うのは難しいと言われてきました．大局観は，経験を積んだ人間が持ちうる感覚的なものだと考えられていたからです．

▶過去16万の対局データを学習

　AlphaGoは，プロ棋士に勝利するに至るまでに，この人間がもつ大局観を上手く再現することに成功しています．過去16万局にも及ぶ人間同士の対局データを学習し，57％の確率でプロ棋

士の手筋を予測できるようになったのです. 19×19の盤面上に自由に碁石を置ける囲碁のルールにおいて, 57％で的中させるだけでも驚異的な進歩が見て取れます.

このAlphaGoに使われていたのがディープ・ラーニングという技術です.

● AlphaGoを支えた技術「ディープ・ラーニング」

ディープ・ラーニングの特徴は, 過去のデータから「学習」するということです注1.

AlphaGoは, 16万局という対局のデータベースを使って, 「ある局面があった場合, 次にどの手を打つか」ということを学習しています. さらに興味深いのは, AlphaGoは碁石の配置を画像的なデータ(19×19の配列)として学習したという点です(図2). 基本的な「相手の石を囲むと取れる」というルールを事前に教えることはしていません. AlphaGoに入力されるのは, 碁石の配置データと呼吸点やシチョウといった特有の配置パターンの存在を示すデータのみです. つまり, AlphaGoは囲碁のルールや定石とい

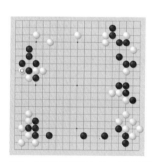

配置を
見たままの
画像データに変換

```
00000000000000000000
00000000000000010000
00020000002000210200
00000200000000201100
00100000000000000020
0010...
```

0：なし
1：自分の石
2：相手の石

図2 盤面を画像的なデータに変換する方法
AlphaGoは碁石の配置を画像的なデータ(19×19の配列)として学習した

注1：第4世代のAlphaGo Zeroでは過去データからの学習を必要としない, 自己対局による強化学習を採用している

ったロジックを事前に組み込むことなく，単純に碁石の配置から次にどこに石を打てば勝率が高いかということだけを，過去の対局データから統計的に学んだのです．

これは，人間が盤面を図形的パターンとして感覚的に判断していることと，似たようなことができるようになったとも言えるかもしれません．最終的には，AlphaGoはこのディープ・ラーニングとモンテカルロ探索法という手法を組み合わせることで，世界トップ・プロに勝利するまで強くなりました．

■ ディープ・ラーニングは農業にも応用できる

● 人手不足の解決にディープ・ラーニング！

就業人口の減少や高齢化といった問題を背景に，ディープ・ラーニングは農業においても注目されています．農林水産省が公表している農業労働力に関する統計データより，農業就業者数と平均年齢を表1に示します．ここ数年では毎年6〜17万人の農業人口が減少しています．2010年（平成22年）から8年間では，合計85万人もの農業人口が減少しています．

農業人口の減少に伴い，農業従事者の平均年齢も約67歳と高くなっています．2018年の年齢別の農業就業者数を図3に示します．60歳以上が全体の70％を占めており，近年の農業の高齢化が見て取れます．

このような問題を背景に，農業においてもロボットやITなど最新の技術を活用した作業の効率化や自動化の取り組みが始まっています．この取り組みは「スマート農業」と呼ばれ，農林水産省の基本政策として取り上げられるなど，今後の農業生産に重要

表1[2]　農業就業者数と平均年齢の推移

項　目	2010年	2015年	2016年	2017年	2018年
農業就業者数	260.6万人	207.9万人	192.2万人	181.6万人	175.3万人
平均年齢	65.8歳	66.4歳	66.8歳	66.7歳	66.8歳

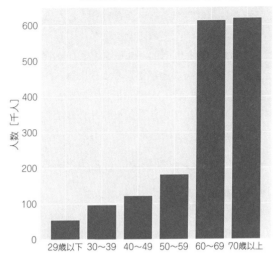

図3[(4)] **年齢別の農業従事者数**(2018年)
基幹的農業従事者(主な仕事として自営農業に従事した者)と常雇い者
(農業経営体に雇われ農業に従事した者)の合計

な役割を果たす技術として注目されています．この中には，ディ
ープ・ラーニングなどのAI技術の活用も織り込まれており，次の
ような活用が考えられています．

- ● トラクタや草刈り機の自動運転
- ● ドローンが撮影した画像を使ったピンポイント農薬散布
- ● スマホ・カメラを使った病害判断
- ● 施設園芸設備の自動制御(自動換気や自動水やり)
- ● 出荷時の等級選別作業の省力化

さまざまな作業に適用できるAI技術の活用方法は，大きく次
の3つに分けられます．

①ロボットの眼
②熟練者が持つノウハウの共有
③ビッグデータに基づく環境管理

この3つについて，活用例をいくつか紹介します．

①ロボットの眼

図4に示すようなトラクタやコンバイン，ドローン，草刈り機などの農業機械の眼として，カメラやLiDARなどのセンサを使うことで，AIプログラムが人間に変わって操縦することができます．世界的に開発競争が行われている自動車の自動運転で培われた技術の農業転用も進むでしょう．畑やハウスなどの私有地内しか走行しない農業機械であれば，自動車よりも先に実用化するかもしれません．

また，自動収穫機などに搭載されるロボット・アームの眼としても利用できるでしょう．収穫する果実の位置をカメラで認識し，ロボット・アームの先端に取り付けたはさみを動かし収穫します．自動収穫ロボットは，イチゴやトマト，アスパラなどの開発事例があります．

走行環境を認識し，安全に自律運転

（a）トラクタの自動運転

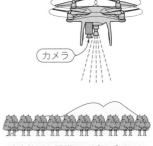

病害箇所を認識し，ピンポイントで最小限の農薬散布

（b）ドローンによる農薬散布

図4　農業におけるディープ・ラーニング活用法①：農業機械の眼

②熟練者が持つノウハウの共有

　AI技術を使えば，篤農家が持つ栽培ノウハウを伝承・共有することが可能になるかもしれません．葉の状態を見てどんな病気にかかっているのかを瞬時に判断するには，長年の経験が必要です．このような経験やノウハウが必要な判断を，AI技術を使ってコンピュータに学習させることで，**図5(a)**のように，誰でも熟練者と同じ判断が可能になるアプリができるかもしれません．この様なアプリがあれば，新規就農者の技術向上にも役立ちます．

　野菜を出荷する時には，決められた基準で等級分けを行う必要があります．この作業を効率良く行うためには，熟練者の指導を受けながらの作業経験が必要になりますが，このような，いわゆる「目利き」のような技術も，コンピュータに学習させることで，**図5(b)**のような作業の効率化や自動化につながります．

　現在このような栽培ノウハウや目利きの技術が，高齢化による熟練者の引退とともに失われています．AI技術を活用したノウハウの保存は，喫緊の課題と言えるでしょう．

③ビッグデータに基づく環境管理

　今までの農業は，どちらかというと「勘と経験」の世界と言われてきました．

　しかし，最近では環境センサや気象情報を利用した，データに基づく農業に移り変わりつつあります．その背景には，IoT機器や環境センサ，無線通信網など，データを取得するための必要機材やインフラが，以前よりも低コストで入手できるようになった点が挙げられます．

　そうなると，次に重要になってくるのが，取得したデータをどのように日々の業務に活用するかという点です．そこで，AI技術が活躍します．過去のデータを学習することで，気象や施設内の気温，湿度，日射量などから，病害が発生しやすい時期を予測し

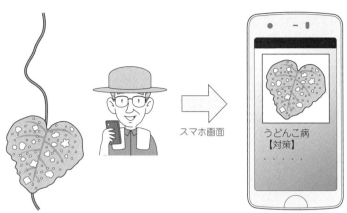

（a）スマートフォンのカメラで撮影した葉の状態から病名を自動診断して対策を表示

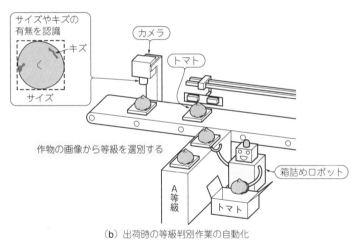

（b）出荷時の等級判別作業の自動化

図5　農業におけるディープ・ラーニング活用法②：熟練者のノウハウ共有
AI技術を使えば，栽培のノウハウや目利きの技術など，熟練者と同じ判断が可能になるかもしれない

たり，収穫量を予測したりすることができます．

　また，**図6**のように気象，環境データに土壌水分量センサなどのデータも含めることで，植物の水ストレスを予測し，必要なタ

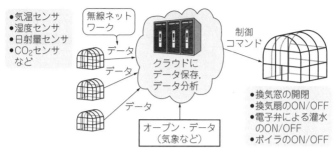

（a）ハウスの換気，灌水，ボイラの自動制御

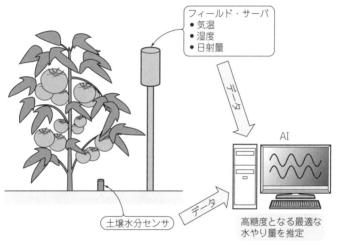

（b）節水栽培の自動化による高糖度のトマトの栽培

図6　農業におけるディープ・ラーニング活用法③：データに基づく環境の自動制御

イミングで自動的に灌水を行ったり，自動で換気を行ったりすることも可能です．トマトの節水栽培の自動化などが可能になれば，高品質の作物を自動的に栽培できるようなるかもしれません．さらに，地域ごとのデータを集約することで，より高精度の予測が可能になります．これらの情報を新規就農者へ提供することで，

就農のハードルを大幅に下げることが可能になるでしょう.

■ ディープ・ラーニングの得意技は「画像認識」

● できること

ディープ・ラーニングは,とても汎用的な技術です.扱うデータによって,一般的には次に示すようなことができます.

- 音声データを扱うもの:音声認識,音声合成,音声変換
- 文字データを扱うもの:構文解析,意味解析,機械翻訳,文章生成
- 画像データを扱うもの:画像認識,画像生成,高解像度化
- 物理データを扱うもの:異常検知,行動解析
- 購買データを扱うもの:販売予測,レコメンド

● 認識能力は人間を超えた?

本書は,この中でも画像認識について解説します.2012年に行われた世界的な画像認識コンペティション ImageNet Large Scale Visual Recognition Challenge(ILSVRC)にてディープ・ラーニングを用いた手法が圧倒的スコアで優勝したことにより,画像認識分野でディープ・ラーニングが有効であることが示されました.さらに,2012年以降もディープ・ラーニングを用いた手法が同コンペの記録を塗り替えており,現在では人間の画像認識能力を超えたとも言われるようになりました.

ディープ・ラーニングが用いられるようになる前は,このような画像認識は人間が「認識精度を高めるため,画像のどのような特徴を使い,または,特徴を組み合わせるか」を設計していました.これは,囲碁の場合と同様に,膨大な組み合わせが存在します.画像認識のプロは,棋士のように経験の蓄積によって最適な特徴の組み合わせを選び出す必要がありました.それがディープ・ラーニングの登場により,この認識のために最適な特徴を選

| (a) 物体認識 | (b) 物体検出 | (c) 物体領域検出 |

図7　ディープ・ラーニングを使った画像認識でできること

び出すという作業を，大量の画像データを使って自動的に行うことができるようになりました.

画像認識で扱う問題は，認識する対象により概ね**図7**の3パターンに分類されます.

- 物体認識：何の画像なのか
- 物体検出：どこに何が写っているか
- 物体領域検出：（ピクセル単位で）どの領域に含まれるか

本書は，この中の物体認識を使う方法について解説します.

■ ディープ・ラーニングのしくみ

ディープ・ラーニングは，人間と同等の画像認識能力を持っていると言われています.

ディープ・ラーニングは，この複雑な認識能力をどのように実現しているのでしょうか. ここでは，数式を使わずに，できるだけ簡単にディープ・ラーニングのしくみを解説します. まずは「データを使って学習するとはどういうことなのか」というイメージを掴んで頂ければと思います. ここでは，誤差逆伝搬法や確率的勾配降下法，活性化関数などの説明は割愛しますが，更に深く学びたい方はぜひこれらをキーワードに調べてみてください.

● ステップ1：単純な分類

まずは，次の簡単な例題から考えてみましょう.

　ある小学校で1年生と2年生の身体測定を行った結果，**図8**のような結果でした．身長と体重から1年生と2年生を判別してください．

　どのように1年生と2年生を分類したらよいでしょうか．先ほどの**図8**を見れば一目瞭然で，**図9**のような直線で切り分ければ

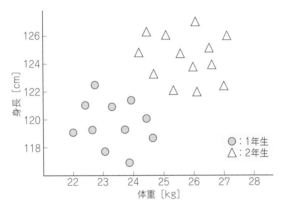

図8　例題A：身長と体重から1年生と2年生を判別する

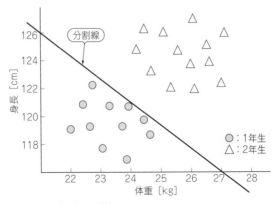

図9　図8の例題Aの回答
人間であればデータを俯瞰して，丁度良い分割線が引ける

21

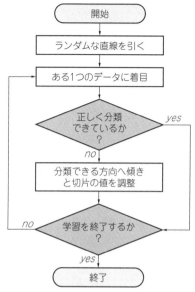

```
        ┌──────────┐
        │   開始    │
        └────┬─────┘
             │
    ┌────────┴────────┐
    │ ランダムな直線を引く │
    └────────┬────────┘
             │
    ┌────────┴────────┐
  ┌→│ ある1つのデータに着目 │
  │ └────────┬────────┘
  │          │
  │      ◇───┴───◇
  │     ╱  正しく分類  ╲  yes
  │    ◇  できているか  ◇────────┐
  │     ╲     ？     ╱         │
  │      ◇───┬───◇            │
  │          │ no              │
  │ ┌────────┴────────┐         │
  │ │ 分類できる方向へ傾き │         │
  │ │  と切片の値を調整  │         │
  │ └────────┬────────┘         │
  │          │                  │
  │      ◇───┴───◇            │
  │ no  ╱  学習を終了するか ╲          │
  └────◇      ？      ◇←──────┘
       ╲          ╱
        ◇───┬───◇
            │ yes
       ┌────┴─────┐
       │   終了    │
       └──────────┘
```

**図10　図8の例題Aをコンピュータで解くと
きの計算手順**

分類できそうです．このように，人間であればデータを俯瞰して
丁度良い分割線が引けますが，コンピュータだとそうは行きませ
ん．コンピュータは，**図10**に示す手順で計算し分割線を引きます．

　最初に，**図11**に示すように，ランダムに設定した傾きと切片を
使って直線を引きます．

　次に，今あるデータの中から，ある1つのデータに着目します．
もしそのデータが正しく分類できていなかったら，**図12**のよう
に直線のパラメータ（傾きや切片）を少しだけ更新します．更新す
るとき，どの方向へどれだけ更新するのかを求める必要がありま
す．このとき必要になるのが，「どの程度間違えているのか」を示
す指標です．今回の場合では，選択したデータ（点）と直線の距離
を用いれば良いでしょう．分類する直線の位置を大きく間違える

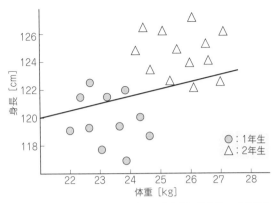

図11 手順①：ランダムに設定した傾きと切片を使って直線を引く

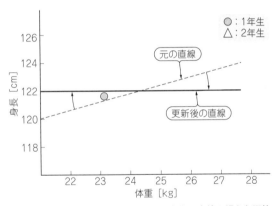

図12 手順②：正しく分類できてないときは直線の傾きと切片を少しだけ更新する

ほど，データと直線との距離はひらくことがわかると思います．このように，分類間違いの指標となる計算式を「損失関数」と言い，関数を用いて求めた値を損失（Loss）と言います．分類を間違えたデータに対し，損失が0になる方向（偏微分で求めることができる）へ直線のパラメータを更新していきます．ほかのデータ

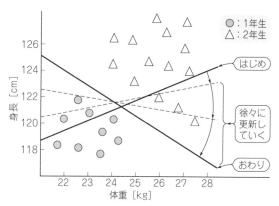

図13　手順③：図12の更新を繰り返し実行して徐々に正しく分割できる直線に近づいていく

に対しても，この直線のパラメータ更新の処理を繰り返し行うことで，**図13**のように，徐々に正しく分割できる直線に近づいていきます．最後に，全てのデータを正しく分類できた場合，または規定回数に到達した場合に，このパラメータ更新を終了します．

　学習（ラーニング）とは，「どの程度間違えているか」を求めるための損失関数を設定し，手持ちのデータに対し損失が0になる方向へパラメータの更新を繰り返すことと言えます．

● **ステップ2：より複雑な問題を解くために**

　身長と体重のような簡単な分類であれば，直線を使って分類できます．これを**図14**のように表現します．

　次は，直線で分類できない少し複雑な分類を考えてみます．実際にはありえませんが，**図15**のような問題があったとします．

　この問題は，**図16**のように2段階に分けて考えると解くことができます．このように，単純な分類を学習する関数を重ねることで，画像のような複雑なデータ分類が行えます．そして，更に関数を重ね，何層にも深くなったものをディープ・ラーニングと呼

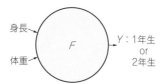

図14　身長と体重を入力すると1年生 or 2年生の判別結果を出力する関数 f を定義する

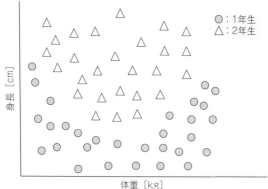

図15　例題B：図8の例題Aと同じだが直線で分類できない

びます（**図17**）.

■ ディープ・ラーニングは誰でも始められる

● 豊富なライブラリが公開されている

ディープ・ラーニング開発は，パソコンさえあれば誰でもすぐに始められます.

最近では，**表2**に記載したようなディープ・ラーニング開発用のライブラリがオープンソース・ソフトウェアとして公開されています. 本書は，GoogleのTensorFlowを使います.

▶開発言語

どのライブラリでも，主要なプログラミング言語として

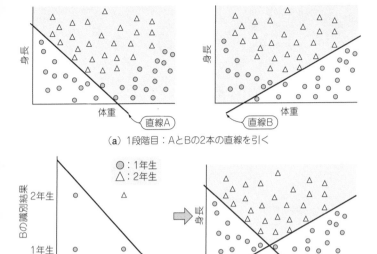

(a) 1段階目：AとBの2本の直線を引く

（b）2段階目：AとBの識別結果をもう一度直線で分類する

図16　図15の例題Bの回答手順

Pythonが用いられます．Pythonは，読みやすさと書きやすさに定評のあるプログラミング言語で，Windows, macOS, LinuxといったメジャーなOSを全てサポートしています．

インストール方法は，次のWebサイトで確認できます．

- Python（本家サイト）
  https://www.python.org/
- Python.jp（日本のコミュニティ）
  https://www.python.jp/index.html

● 無料で使えるクラウド型開発環境「Google Colaboratory」

Google Colaboratoryは，クラウド型のPython実行環境で，GoogleアカウントとWebブラウザさえあれば，どんな端末から

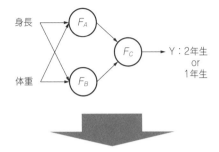

関数を重ねることで複雑な分類問題を解くことができる

さらに深く関数を重ねていったものがディープ・ラーニング

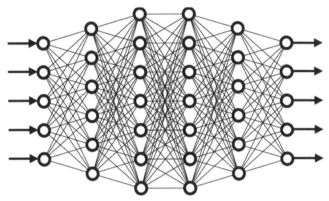

図17　ディープ・ラーニングとは深い関数を使った学習

表2　主要なディープ・ラーニング開発用ライブラリ

名　称	開発元	対応言語	ライセンス	特　徴
TensorFlow	Google	Python, C++, Java, JavaScript	Apache-2.0	● 世界的に最もユーザ数が多い ● さまざまなデバイスに対応 ● Google 開発の TPU に対応
PyTorch	Facebook	Python	BSD ベース	● 世界的に人気上昇中 ● 簡潔に記述できる ● 柔軟なニューラル・ネットワーク設計が可能

でもアクセスできます.

　TensorFlowやPyTorchなどのライブラリもインストール済みで，Webブラウザで次のURLを開くだけで，すぐにPythonプログラムを記述し，実行できます.

● Google Colaboratory
　https://colab.research.google.com/

　学習を高速に行うためのGPUやTPUといったデバイスが無料で使えるので，とりあえずディープ・ラーニングを使った開発を試したいというときにおすすめです.

◆**参考・引用＊文献**◆

(1) ＊Match 1 – Google DeepMind Challenge Match: Lee Sedol vs AlphaGo, DeepMind.
　　https://www.youtube.com/watch?v=vFr3K2DORc8
(2) Mastering the game of Go with deep neural networks and tree search, Nature.
　　https://www.nature.com/articles/nature16961
(3) ＊農業労働力に関する統計，農林水産省.
　　http://www.maff.go.jp/j/tokei/sihyo/data/08.html
(4) ＊農業構造動態調査，農林水産省.
　　http://www.maff.go.jp/j/tokei/kouhyou/noukou/index.html
(5) スマート農業，農林水産省.
　　http://www.maff.go.jp/j/kanbo/smart/index.html

体験学習 [基礎編] 枝豆の選別

[ステップ1]
学習済みモデルの開発環境を準備する

● 誰もが人工知能を体験できる時代

人工知能ブームと言われるようになってはや数年になりますが，いまだ熱冷めやらぬといった状況です．2018年8月に発表された新技術の成熟度を示すガートナーのハイプサイクルを見ても，人工知能(ディープ・ラーニング)は，まだ過度な期待のピーク期に位置しています注1.

とは言え，以前までは「人工知能」という文言が使われていたところが，「ディープ・ラーニング」に置き換わっている点を見ると，「急にすごくなった人工知能」という漠然とした印象から，そのベースとなっている技術に目が向くようになったと言えるのではないでしょうか．

そして注目したいのは，テクノロジのトレンドとして取り上げられている「AIの民主化」です．「最終的にはAIは誰もが使えるものになるでしょう」と述べられているように，オープンソースのライブラリなどを使うことによって，比較的簡単にディープ・ラーニングを活用できるような環境が広がっています．読者の中にも，TensorFlowやPyTorchなどを使って画像認識などを試された方も多いのではないでしょうか．

注1：2018年10月25日にアップデートされたハイプサイクルでは，人工知能はピーク期を過ぎ，幻滅期に差し掛かっていると発表されました．https://www.gartner.co.jp/press/pdf/pr20181025-01.pdf

● 人工知能作りで一番のヤマは「学習用データづくり」

　実際，ディープ・ラーニングを活用しようとしたとき，一番のハードルになるのはデータ集めです．ディープ・ラーニングを使用する場合は良質なデータが大量に必要だと言われています．よく画像認識のチュートリアルとしてMNIST^{注2}が使われます．その次のステップとして自分で集めたデータを使って試そうとしたとき，

- 集めたデータをどうやってライブラリに読み込ませればよいのか

- データが少な過ぎて認識精度（汎化性能）が上がらない

といった問題に直面することが多いのではないでしょうか．

　そこで今回は，ディープ・ラーニングを用いた画像認識におい

写真1　枝豆には2粒や3粒の莢が混ざっている
実験が終わった後にビールとともにおいしくいただける

注2：手書き数字の画像セット．手書きの数字「0〜9」に正解ラベルが付与されている．

て，できるだけ効率よく学習させられるように，次のことに取り組んでいきます．

1. 集めたデータからデータセットを作る

2. 少ないデータでも認識精度を上げるためのデータ拡張

2においては，乱数から画像を生成する敵対的生成ネットワーク（Generative Adversarial Network：GAN）を使うことで，少ない学習画像で学習させる実験も挑戦します．

認識ターゲットは枝豆です（**写真1**）．

■ 第1部でやること

人工知能の学習から判定までのフローを**図1**に示します．題材として取り上げたのは「枝豆の2粒/3粒莢の判別」です．枝豆には2粒莢や3粒莢が混ざっています（**写真1**）．そこから画像認識を使って2粒莢と3粒莢を見分けるという問題です．

ステップ1：USB接続のウェブ・カメラを使って枝豆の画像を撮り溜めます．

ステップ2：撮り溜めた画像とラベルをまとめてデータセットを作ります．

ステップ3：データセット・ファイルの画像を増やします．ディープ・ラーニングの1種GANによりデータの特徴を学習し，乱数から枝豆画像を生成できるようにします．

ステップ4：ステップ3に平行して，従来の画像処理を使って，データセットの数を増やします．

ステップ5：集めたデータで作ったデータセットとGANで生成した画像とを混ぜて，畳み込みニューラル・ネットワークにて学習を行い，枝豆選別のための学習済みモデルを生成します．

ステップ6：最後に生成した学習済みモデルをラズベリー・パイに搭載して，枝豆選別機を作りたいと思います．

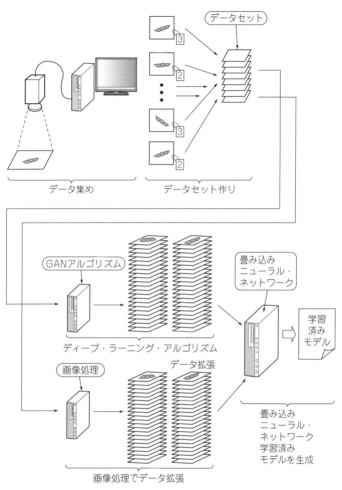

データセット

データ集め　　データセット作り

GANアルゴリズム

ディープ・ラーニング・アルゴリズム

画像処理　　データ拡張

畳み込み
ニューラル・
ネットワーク

学習
済み
モデル

畳み込み
ニューラル・
ネットワーク
学習済み
モデルを生成

画像処理でデータ拡張

（a）データ処理から学習済みモデル生成まで

**図1　やること…できるだけ少ない学習データでできるだけ認識精度が高くなる
ように効率よく人工知能を育てる方法を研究する**

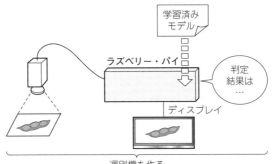

（b）学習済みモデルを利用してラズベリー・パイ上で判定を行う

図1　やること…できるだけ少ない学習データでできるだけ認識精度が高くなるように効率よく人工知能を育てる方法を研究する（つづき）

■ インストール不要のクラウドAI開発環境「Google Colaboratory」

● Jupyter Notebookファイルとしてプログラムを提供する

私が提供するJupyter Notebookファイル上で，順にセルを実行していくことで，学習済みモデルの作成を体験できるようにしてあります．ウェブ・ブラウザ上で動作するJupyter Notebookは，プログラムや説明文章，実行結果をまとめて管理できます．

● 特徴1：ウェブ・ページにアクセスするだけ

開発環境には Google Colaboratory を使用します．Google Colaboratory は，機械学習の教育や研究の促進を目的とした Googleのクラウド・サービスです．Jupyter Notebookをベースに開発されており，ブラウザで開くだけで特に何も設定なしに TensorFlowやKeras，scikit-learnといった機械学習の開発環境を手に入れることができます．

Googleは以前より「AIの民主化」に取り組んできました．2018

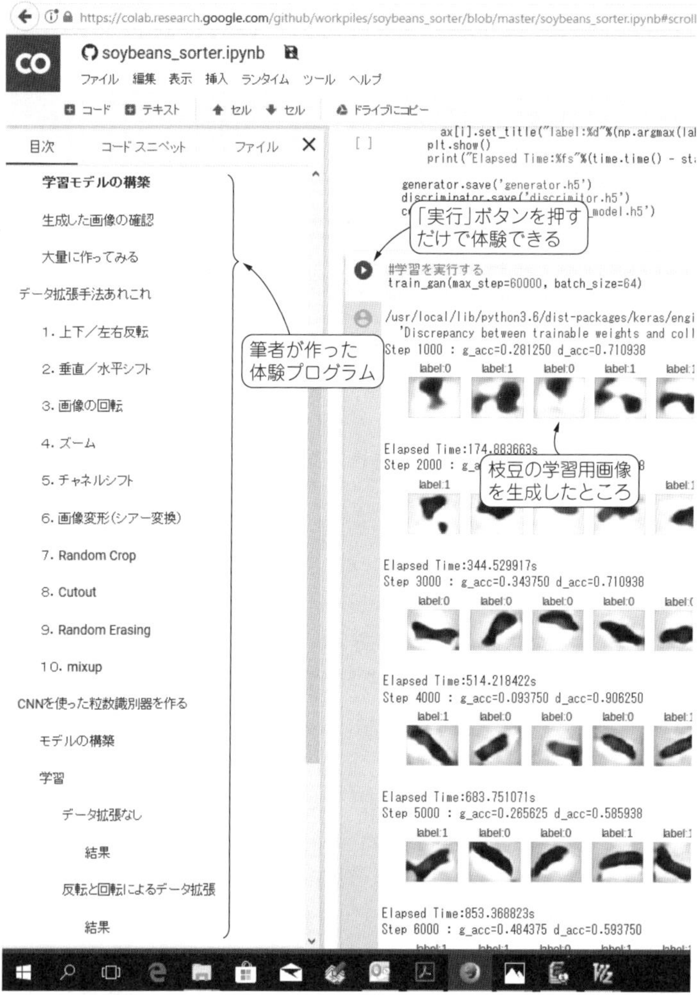

図2 インストール不要！ ブラウザ上で機械学習が試せるクラウドAI開発環境「Google Colaboratory」

年5月に開催されたGoogle I/Oでも，Fei-Fei Li教授（元Google AI部門チーフ・サイエンティスト，現スタンフォード大学教授）が，誰もがAIを活用できるようにすることの重要性[2]や，多様な未来のAI技術者を増やすために，研究や学習をもっと開かれたものにする取り組み[3]について説いています．Colaboratoryもそういった「AIの民主化」の取り組みの1つではないでしょうか．現時点（2018年9月）では，PC版のChromeとFirefoxでの動作をサポートしており，ブラウザでColaboratoryのウェブ・ページにアクセスするだけで，誰もがすぐに機械学習を試せる点が特徴です．

最近ではTesorFlowのチュートリアルがColaboratory上ですぐに試せるようになっているので，これからTensorFlowでディープ・ラーニングを始めてみようかなというユーザにもオススメです．

例えば，ファッション・アイテム画像の識別や，映画レビューからの感情判断，物件価格の予想などのチュートリアルを，ローカルPCにTensorFlowをインストールすることなく，ブラウザ上で実際にプログラムを動かしながら学ぶことができます（**図2**）．

● **特徴2：Pythonパッケージはすでに用意されている**

2018年9月の時点では**表1**に示すような機械学習や画像処理でよく使うPythonパッケージが既にインストールされている状態から使い始めることができ，開発環境を構築する手間がかかりません．もちろん，リスト以外のパッケージも`apt-get`や`pip`コマンドでインストール可能となっているので自由に環境を構築できます．

作成したJupyter Notebookファイルは，Google Driveに自動的に保存されます．ただし，使用するにはGoogleアカウントでのログインが必要になることや，インスタンスが非アクティブになってから90分後に自動リセットされること，連続使用時間は最

表1
開発環境 Google Colaboratory AI
にはすでに機械学習や画像処理で
よく使う Python パッケージが用
意されている
執筆時点（2018年9月）のバージョン

パッケージ名	バージョン
Keras	2.1.6
matplotlib	2.1.2
numpy	1.14.5
opencv	3.4.2.17
pandas	0.22.0
scikit-image	0.13.1
scikit-learn	0.19.2
scipy	0.19.1
tensorflow	1.10.0
xgboost	0.7.post4

大12時間であることなど，使用制限があります（ほとんど気にな
らない）．

● 特徴3：GPU機能も無料で使える

さらに特筆すべきは，GPU（NVIDIA Tesla K80）が時間制限付
きですが無料で利用できる点です．太っ腹です．

■ 実験プログラムの入手方法

今回の実験で作成したJupyter Notebookファイルは，私の
GitHubアカウントで公開しています．下記手順でJupyter
Notebookを読み出すことで，自分の環境で実験を再現できます．

1. Colaboratoryサイトをブラウザで開く
   `https://colab.research.google.com`
2. メニューから［ファイル］→［ノートブックを開く…］を
   選択
3. GITHUBタブを選択
4. 検索欄に"`https://github.com/workpiles/`
   `soybeans_sorter`"を入力（**図3**）
5. `soybeans_sorter.ipynb`をクリックして開く

図3　GitHubから筆者提供プログラムを見つけてJupyter Notebookで開く

　問題なく開くことができれば図2のようなNotebookが表示されます.

■ AI開発環境Colaboratoryの基本的な使い方

　Colaboratoryは, Jupyter Notebookをベースに開発されており, 使い方も基本的には同じです. テキストを記述するセルと, ソースコードを記述するセルが存在し, ソースコードが記述されているセルの左側に付いている実行ボタン(図2)をクリックすると, そのセル内のコードが実行されて結果がセルの下に表示されます(なお, 以降実行ボタンを押すことを"セルを実行する"と記述する). セルを実行するにはGoogleアカウントでのログインが必要になります. ノートブック内では1つのPythonプロセスが実行されており, 各セルを実行した結果はノートブック内で共有されています. ちょうど, Pythonをインタラクティブ・モードで起動していると考えると分かりやすいと思います.

● ノートブックの作り方

　新しいノートブックを作るには，画面上部のメニューの［ファイル］-［Python 2/3の新しいノートブック］を選択します（**図4**）. ノートブックの作成には，Googleアカウントでのログインが必要となります. 初回のノートブック作成時に，自身のGoogleドライブ内に"Colab Notebooks"というフォルダが作成され，以降作成したノートブックはすべてこのフォルダに保存されていきます.

図4　新しいノートブックを作るには

● セルの追加/削除方法

　各セルの追加方法は，画面上部のメニューの［＋コード］，［＋テキスト］をクリックするか，既存セルの下部にマウス・カーソルを合わせた時に表示されるメニューをクリックすることで追加できます［**図5(a)**］. セルの削除は，セル右側のメニューから［セルの削除］をクリックします［**図5(b)**］.

(a) 追加

(b) 削除

図5　セルの追加と削除

● テキスト・セルの使い方

追加したテキスト・セルは，ダブルクリックすることで編集が可能です．テキストの編集には，MarkDown記法とLATEXのように数式（対象を$で囲う）の記法が使用できます（**図6**）．詳細な記法は，次のURLを参照してください．

```
https://colab.research.google.com/
notebooks/markdown_guide.ipynb
```

● コードセルの使い方

追加したコードセルは，クリックすることで編集が可能です．コードセルには，Pythonプログラムを記述できます．また，その他にも先頭に「！」をつけることでLinuxコマンドを実行することも可能です（**図7**）．セル内に記述したコードは，セル左側に付いている実行ボタンをクリックすると，セル内のコードが実行され結果がセルの下側に表示されます．その他詳しい使い方は，次

```
# 見出し1
## 見出し2
### 見出し3

標準, **強調**, _イタリック_, ~~取り消し~~

* リスト1
* リスト2


1. 番号付きリスト1
2. 番号付きリスト2

[Colabへのリンク](https://colab.research.google.com/)


# 数式

>$e^x=\sum_{i=0}^\infty \frac{1}{i!}x^i$

>$A_{m,n} =
\begin{pmatrix}
 a_{1,1} & a_{1,2} & \cdots & a_{1,n} \\
 a_{2,1} & a_{2,2} & \cdots & a_{2,n} \\
 \vdots  & \vdots  & \ddots & \vdots  \\
 a_{m,1} & a_{m,2} & \cdots & a_{m,n}
\end{pmatrix}$
```

図6　テキスト・セルの記法例

```
#コードセルの書き方
import platform

system_str = platform.platform()
print(system_str)

a = 10

#Linuxコマンド実行もできる
!echo ls
!ls
```

Linuxコマンドの実行もできる

```
Linux-4.14.33+-x86_64-with-Ubuntu-17.10-artful
ls
sample_data
```

```
[23] #新しいセルでもプロセスは共有
print(a)
```

```
10
```

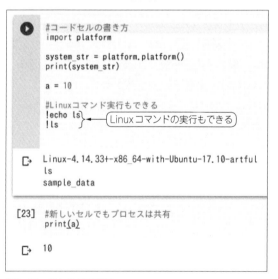

図7　コードセルの記述例

のURLを参照してください.

```
https://colab.research.google.com/
notebooks/basic_features_overview.ipynb
```

● GPUの使い方

　GPU機能を有効にするためには,メニューから[ランタイム]
→[ランタイムのタイプを変更]を選択します.ダイアログが表
示されるので,「ハードウェアアクセラレータ」の欄でGPUを選
択し保存します.

　GPUが使えるようになっているかは,筆者提供のノートブック
の「GPU&バージョン確認」で行うことができます.このセルを
実行して「GPUゲットだぜ!」(図8)と表示されれば使えます.ま
れに混んでいてGPUインスタンスが取得できない場合や,長時
間GPUを使っていた場合などは,GPUが使えなくなる場合があ
ります.そんなときは,しばらく時間を置くとGPUが使えるよう

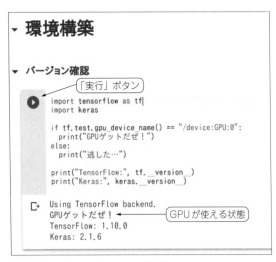

図8　GPUが使えるようになった状態

41

になります.

■ 学習用「枝豆」画像データの入手方法

　今回は，筆者の作った枝豆データセットも公開しています．早速，枝豆データセットを読み込んでみましょう．筆者のノートブックの「必要パッケージのインポート」，「データセット取得」のセルを順番に実行してください．枝豆画像が表示されれば，データセットの取得完了です（**図9**）．このデータセットには，教師データとして600枚，テスト・データとして580枚の枝豆画像が含まれています．

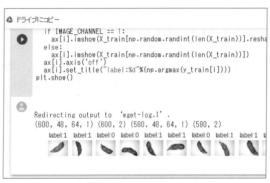

図9　筆者提供の学習用「枝豆」画像データも準備してある
読み込んだところ

◆**参考・引用＊文献**◆
(1) ガートナー；「先進テクノロジのハイプ・サイクル：2018年」を発表.
　　https://gartner.co.jp/press/pdf/pr20180822-01.pdf
(2) Google I/O 2018:Building the future of artificial intelligence for everyone.
　　https://events.google.com/io/schedule/?section=may-9&sid=e3d60c64-310e-4373-9037-92215c0713d4
(3) 現実世界におけるAIの実態.
　　https://www.google.com/intl/ja/about/stories/gender-balance-diversity-important-to-machine-learning/

［ステップ2］
学習用データ「枝豆の画像」を集める

　枝豆の2粒莢，3粒莢を見分ける人工知能を作ります．第1章は開発環境Google Colaboratoryを使えるようにしました．今回はUSB接続のウェブ・カメラを使って学習用の枝豆画像を撮りためます．

■ プログラミング環境を用意

　今回の実験向けに作成したJupyter Notebookファイルは，私のGitHubアカウントで公開しています．下記手順でJupyter Notebookを読み出すことで，自分の環境で実験を再現できます．

1. Colaboratoryサイトをブラウザで開く
   https://colab.research.google.com
2. メニューから［ファイル］→［ノートブックを開く...］を選択
3. GITHUBタブを選択
4. 検索欄に「https://github.com/workpiles/soybeans_sorter」を入力
5. soybeans_sorter.ipynbをクリックして開く

■ どのようなデータを集めて学習させるか

● 方針1…画像は上から撮影

　やりたいことは，枝豆が2粒莢なのか3粒莢なのかを見分けることです．どんなデータを集めれば，うまく見分けることができるでしょうか．

　最初に思いつくのは長さです．2粒より3粒の方が，莢が長くな

るのは必然です．しかし，実際の枝豆を観察してみると，中には3粒と2粒で差がない場合も見て取れます（**写真1**）．

　私の経験上，野菜などの自然物はとても多様な形態をしているため，単一の基準で見分けるというのは難しそうです．もう少し観察してみると，豆が収まっている部分の間の節を見ると，2粒と3粒の見分けができそうです（**写真2**）．また，豆が収まって膨らんでいる部分に生じる色の濃淡も，見分けに使えそうです．

　これらデータを取得する方法として，今回は枝豆の真上からカメラで撮影する方法を選択しました．真横から撮影する方法も有

写真1　2粒入りか3粒入りかを見分けるのは簡単ではなさそう
長さだけでは枝豆の粒の数が分からない

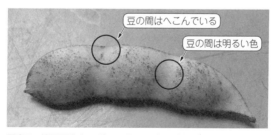

写真2　枝豆画像をマジメに見ていくと2粒と3粒の判定に使えそうな部位がある

効な気がしましたが，莢が曲がっていたりねじれていたりした場合に，うまく撮影できない懸念があったため，比較的全体を見られる「真上から撮影」を採用することにしました．

● **方針2…対象物の向きはランダムとする**

　枝豆を撮影する際に，初めは枝豆の向きをそろえることを考えていました．直感的に向きをそろえた方が，2粒と3粒の違いや長さといった特徴を比較しやすいと考えたためです．しかし，撮影しながらふと疑問が浮かびました．最終的に運用するとき，一体誰がそろえておくだろうかと．人手で毎回向きをそろえるのは単純に手間です．また，ベルトコンベアなどを使って自動化する際にも，向きをそろえる機構を追加しなくてはならずコスト・アップにつながります．

　そこで，写真3のように枝豆の向きはそろえず，ランダムに置いて撮影することにしました．識別の難易度は上がりますが，ディープ・ラーニングを用いれば十分識別可能な範囲だと考えられます．こうすることで，向きをそろえるという手間を省いたり，

（a）並べた場合

（b）ランダムに置いた場合

写真3　枝豆は並べずにランダムに置いて学習させることで現実的に使える人工知能を目指す

コスト・ダウンにつなげることができます．ポスト・ディープ・ラーニング時代の設計は，今までメカでやってきたことを思い切ってソフトウェアに任せるといった考え方も必要になってくるのかもしれません．

● 方針3…不要なデータの混入はあらかじめ防ぐ

　次に考えることは，識別に不要なデータは極力取り除いておくということです．ディープ・ラーニングの学習はブラック・ボックスです．枝豆の特徴を学習させたつもりが，実は背景のテーブルの木目を学習していたなんてことも十分起こり得ます（教師データ数が少ない場合は特に）．そういった誤った学習を減らすためにも，背景や照明によってできる影などの本来の識別に不要なデータは混入させないようにしましょう（**写真4**）．今回は，白画用紙を敷くことで背景を白に統一しています．また，円形の照明を真上から照らすことで，照明による影を消しています．

● 方針4…準備する枚数はまずは最小限で

　集めるデータの量を決めます．と言っても，初めからどれだけ集めれば期待した認識精度が出るかは分かりません．また，一般的にディープ・ラーニングを使うときは大量のデータが必要ですが，最初から時間をかけて集めたとしても，もし失敗してデータ取得方針の立て直しになった場合に大きなロスになってしまいます．そこで，最初はある程度コストをかけないで集められる範囲に抑えておく方が良いでしょう．

　初めに集めたデータで検証を行い，期待した結果にならなかった場合，またデータを追加で集めて検証するというように，イテレーティブな開発を計画しておくことをお勧めします．

　今回買った枝豆を数えたところ，3粒莢が59莢しかなかったため，それぞれ59莢を使いデータを集めることにしました．識別す

（a）テーブルの木目や傷が含まれている

（b）ゴミや影が映っている

写真4　オリジナル画像には不要な情報まで含まれてしまう

るラベルごとに同数のデータを集めることもデータ集めの際のポイントです. 59莢の枝豆を置く向きを変えて10回撮影し590枚の画像を取得します. これを, 2粒莢, 3粒莢で行って, 合計で1180枚の画像を集めることにしました. これぐらいの枚数であれば, 2〜3時間ほどで集めることができそうです.

■ **撮影環境作り**

データ取りの方針が決まったら, 次は実際に意図したデータが撮影できる撮影台の作成です. 撮影台の構成を**図1**に, 撮影台に使用した部品一覧を**表1**に示します.

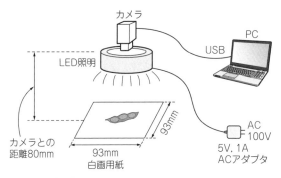

図1 撮影台の構成

表1 撮影台に使った部品

名　称	用　途	購入先
C270 web camera(ロジクール)	カメラ	Amazon
LED照明スタンド	照明	秋葉原
白画用紙	背景	コンビニ

● **カメラ**

　撮影に使用したのはUSB接続のウェブ・カメラC270(Logicool)です．撮影解像度は640×480，撮影フォーマットはMotion-JPEG(default)に設定しています．

● **照明**

　照明は，**写真5**に示すようなドーナツ型のLED照明を使用しました．ドーナツ型の照明を使うことで，真ん中に空いた穴からカメラで撮影できます．今回は秋葉原を歩いていたときに，たまたま見つけたUSB電源のLED照明スタンドを使用しましたが，ドーナツ型の照明が見つからない場合は，曲がるタイプのLEDライン照明を使って自作してもよいと思います．

　これらの部品を組み立てて，**写真6**のような撮影台を作成しま

写真5 ドーナツ型のLED照明を利用した

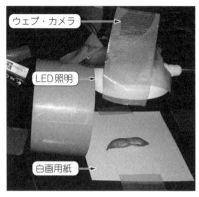

写真6 枝豆の撮影台
筆者が製作した

した．画用紙の上に枝豆を置いて，1莢につき枝豆を置く位置や向きを変えて計10回撮影します．2粒莢と3粒莢をそれぞれ59莢を撮影し，今回の撮影で合計1180枚の画像を取得しました．

■ **学習用データ集めで使うプログラム**

データ集めで使うプログラムを**リスト1**に示します．Python (2.7) と OpenCV (2.4.9) を使って USB 接続のウェブ・カメラから取得した枝豆画像に，2粒莢の場合は '0'，3粒莢の場合は '1' というラベルを含むファイル名を付けて保存する簡単なスクリプトを作成しました．保存フォーマットは JPEG です．

＊ ＊ ＊

データを集めなくては何もできません．業務でディープ・ラーニングを利用する際には，既に何かしらデータがたまっているので，ディープ・ラーニングを使って分析してみようという順序で取り組む場合が多いかもしれません．しかし，目的を持って集めたデータでないと，肝心な項目が抜けていたり，精度が不十分だったり，ノイズや不要なデータが大量に含まれていたりと，後々

リスト1 データ集めで使うプログラム

```
import cv2
import argparse

parser = argparse.ArgumentParser()
parser.add_argument('-W', type=int, default=640)
parser.add_argument('-H', type=int, default=480)
args = parser.parse_args()

cam = cv2.VideoCapture(0)
cam.set(cv2.cv.CV_CAP_PROP_FRAME_WIDTH, args.W)
cam.set(cv2.cv.CV_CAP_PROP_FRAME_HEIGHT, args.H)

index = 0
label = 0 #0:two 1:three
name  = "twopod"

while(1):
  _, frame = cam.read()
  cv2.imshow("test", frame)

  key = cv2.waitKey(1) & 0xff
  if key==ord('q'):
    break
  if key==ord('c'):
    print('capture:%s_%d_%03d.jpg'%(name, label, index))
    cv2.imwrite("%s_%d_%03d.jpg"%(name, label, index), frame)
    index += 1

cam.release()
```

のデータ・クレンジングが大変な作業になったりします．それに，
目的を持って集め始めないと，集まらないデータの方が多いので
はないでしょうか．

　将来的にディープ・ラーニングを使って価値を生み出すために
は，今から目標を定めて，コツコツとデータを蓄積することが重
要です．

[ステップ3]
枝豆の画像から学習&評価用データセットを作る

　枝豆の莢に含まれる粒の数を見分ける人工知能を作っています. 第2章は学習に用いる画像を用意するために2粒莢と3粒莢の枝豆を撮影しました.

　画像を集め終わったら, 次はデータセットを作ります. データセットとは,「集めた画像」と「答えとなるラベル」をセットにした後, 学習用とテスト用に分けてファイルにまとめたものです.

　例えばディープ・ラーニング入門でよく使われる手書き数字画像データセットMNISTは, 28×28画素の手書き数字画像とその画像が0~9のどの数字かを表すラベルとがセットになっており, 学習用に60000件, 評価用に10000件のデータがまとめられています.

● 作る理由

　データセットを作る1番の理由は, 構築したニューラル・ネットワークの学習やハイパー・パラメータ・チューニングのベンチマークとして使用するためです. 一般的に, ニューラル・ネットワークの評価は, あるデータセットに対して正答率が何%であるかというように行います. この評価に用いるデータが毎回異なっていたり, 特定のラベルに偏っていたりしていては, 純粋に結果を比較できなくなってしまいます. そこで, 開発の最初に「学習に使えるデータはこれ」,「評価に使うデータはこれ」というようにデータを分けておきます. または, 学習に用いるデータ, ハイパー・パラメータ・チューニングの検証に用いるデータ, 評価に用いるデータと, 3つに分ける場合もあります.

重要なことは，最終的に評価に用いるデータは，学習時にもチューニング時にも使っていない完全な未知のデータであること，さらに，理想を言えばラベルごとに同数のデータが含まれていることです．

■ そろえておきたいデータのフォーマット

● いろいろなデータ・フォーマットがある

　データセットを作る際のファイル・フォーマットは複数あります．**表1**にインターネットで公開されている有名なデータセットのフォーマットをリストアップしています．

　ディープ・ラーニング・ライブラリの多くはPythonで記述されていることが多いため，データセットもPythonからアクセスしやすいpickleやnpy/npzが多く使われています．

　npyは，Numpy配列をシリアライズするためのフォーマットで，配列データに加え配列のshapeやdtype情報なども格納されており，アーキテクチャが異なる別のマシン上でも正しく

表1　データセットのファイル・フォーマットにはPythonから使いやすいpickleやnpy/npzがよく使われる

データセット	ファイル・フォーマット	備考
MNIST	バイナリ・データ，npz	バイナリ・データの詳細は，http://yann.lecun.com/exdb/mnist/ を参照．kerasなどのフレーム・ワークからはnpzで取得可能
Fashion-MNIST	バイナリ・データ，npz	MNISTと同様
CIFAR-10/100	Pickle	pythonのpickleパッケージでアクセスする
The Quick,Draw!	ndjson，npy	改行区切りのJSON
Iris Dataset	CSV	数値データのみ
ImageNet	テキスト	画像URLとラベルが記されたテキスト

Numpy配列を再構築できます.

npzは,複数のnpyファイルをzipファイルにまとめたものになり,どちらもNumpyパッケージを使って読み書きが可能です.ただし,Pickleやnpyなどは基本的には,データセットを読み出す際にデータセットを全てメモリ上に展開します.従って高解像度の画像を多く含みデータセットの容量が大きい場合,または,使用するPCに搭載されたメモリが少ない場合などには適していません.

データセットの容量が膨大になる場合には,CSVやテキスト・ファイルにラベルと画像へのパス(またはURL)を記載しておき,必要なときに画像データをメモリにロードする方法を採った方が良いでしょう.またこの他にも,TensorFlowのTFRecordフォーマットのようにライブラリ独自のフォーマットが用意されている場合もあります.

今回はnpzを使ってデータセットを作ってみます.

● npzファイルを作るプログラム

今回はMNISTやFashion-MNISTで使用されているnpz形式のデータセットを作ります.npzファイルは,まず必要なデータをNumpy配列に格納した後に,numpy.savez関数を使うことで簡単に作れます.

リスト1にnpzファイルを生成するサンプル・プログラムを示します.データを格納したNumpy配列とラベルを格納したNumpy配列をnumpy.savez関数でファイルに保存しています.

savez関数の第1引き数は保存するファイル名です.第2引き数以降は「保存するNumpy配列に付ける名前=Numpy配列」という形式で,保存対象を列挙していきます.保存したnpzファイルからのNumpy配列の復元はnumpy.load関数で行います.

リスト1　npzファイルを作るPythonプログラム

```
#-*- coding:utf-8 -*-
import numpy as np

data = np.arange(10)
label = np.random.randint(0, 2, 10)

print(data)
print(label)

#データセットとして保存
np.savez("dataset", x_train=data, y_train=label)

#--------------------------------
#データセットをロードする
dataset = np.load("dataset.npz")
print(dataset['x_train'])
print(dataset['y_train'])
```

loadしたデータセットは，savez時に指定した配列名をKey
にしてアクセスできます．

■ 枝豆データセット作り

　データセットを作る際にやっておくと良い前処理について紹介
します．画像の変換などは，画像処理ライブラリのOpenCVを使
うと簡単にできます．

● その1…画像のリサイズ

　画像集めの時点では640×480の解像度で画像を撮りためまし
たが，ニューラル・ネットワークを使って画像認識を行うにあた
り，ここまで高解像度である必要はないかもしれません．また，
入力画像サイズが大きいと，その分ニューラル・ネットワークの
処理にかかる時間が増えてしまいます．ただでさえ計算量が大き
いアルゴリズムなので，入力画像サイズは認識に必要な特徴を残
したままで，できるだけ小さい方が良いでしょう．今回やりたい
ことは，枝豆の2粒莢と3粒莢の見分けですので，その違いが分
かる程度の解像度で十分だと考えられます．そこで，今回は640

(b) 64×48の画像

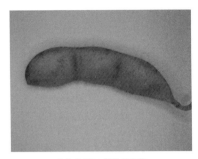

(a) 640×480の画像

図1　リサイズの例

×480を64×48にリサイズしています（**図1**）.

● その2…グレー・スケール化

画像のチャネル数も，サイズと同じように枝豆の粒数判定に不要だと思われるので削ってしまいます．RGB（3チャネル）画像をグレー・スケール（1チャネル）画像に変換することで，データ・サイズを3分の1にできます.

● その3…不良データの除去

不良データの除去もデータセットを作る上で重要な作業です.今回の場合だと，枝豆以外のものが写っていたり，枝豆が見切れていたりしたものは，全て不良データとしてデータセットから外しています（**図2**）.

不良データが混じってしまうと，学習が進まなくなったり，認識精度が下がってしまったりという弊害が発生するので，注意深くチェックしましょう．ラベルの付け間違いなども併せてチェックして，修正することも重要です．また，不良とまでは行かないものの判断が難しそうな画像や，他とかけ離れている画像（外れ値的な画像）などもデータセットからは外してしまった方が認識

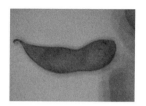

| (a) 指の写り込み | (b) 枝豆が見切れている |

図2 不良データとして外した画像例

精度が向上します.

● その4…輝度の正規化

　照明をつけ同じ撮影環境で集めた画像ですが, 環境の影響を受けてばらついてしまうことがあります. そこで, 全ての画像の輝度を合わせるために正規化を行います. 今回は min-max normalization という手法で正規化を行いました. この手法は, 元画像を X とした場合, 変換後の画像 Y は下記の式で計算できます.

$$Y = (X - min(X))/(max(X) - min(X))$$

　min(X) は, 画像 X 内で最も小さい輝度値です. min-max normalization を適用した画像例を**図3**に示します.

　min-max normalization を使う場合は, 外れ値に注意する必要があります. 画像の場合, ノイズが混入して1画素だけ飛んだ値になっているなどです. その場合は, 画像の輝度値が狭い範囲に圧縮されてしまい, 真っ黒な画像になってしまいます. そういった場合には, z-score normalization を使用した方が良いでしょう. 平均が0, 標準偏差が1になるように変換する正規化手法で, 標準化(standardization)とも呼ばれます.

　画像の正規化については, データセット作成時ではなく学習時の前処理として行った方が良い場合もあります. 例えば, 標準化を適用した場合はマイナスの値も取りうるため, そのままでは画

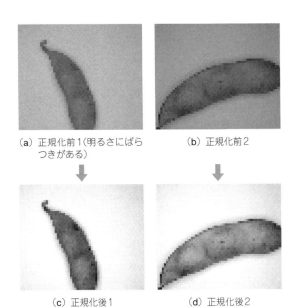

(a) 正規化前1（明るさにばら　　　（b）正規化前2
　　つきがある）

(c) 正規化後1　　　　　　　　　　（d）正規化後2

図3　min-max normalization を適用した画像

像として表示することができなくなってしまいます．また，どのような正規化を行うかもチューニング対象としたい場合もあります．

● その5…学習用と評価用に分ける

　データセットを作るためのフローを**図4**に示します．読み込んだ画像に前述の変換処理を施した後，学習用として60莢分の600枚，評価用として58莢分の580枚の画像に分けます．

　なお，分ける際は，各ラベルごとの枚数が同じになるように注意してください．今回は学習用として2粒莢画像が300枚，3粒莢画像が300枚となります．最後に，2粒莢と3粒莢画像の並び順がランダムになるようにデータをシャッフルした後，numpy.savez関数を使ってnpzファイルに書き出します．

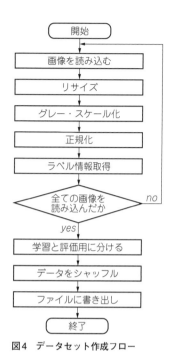

図4　データセット作成フロー

　なお，一般的には学習用と評価用のデータ数の比率は8：2な
どと，学習用が多くなるように設定します．今回はデータ数が少
ない中で十分な評価ができるように評価用に580枚を確保し，残
りを学習用としました．

［ステップ4］
枝豆の画像を増やして学習データを拡張する

　第3章は撮影した画像から学習用のデータセットを作成しました．本章は画像生成アルゴリズムGenerative Adversarial Networks（以降，GAN）を使って，枝豆の画像を量産してみます（**図1**）．今回の実験の肝になります．

　ディープ・ラーニングを使って画像認識の精度を高めようと考えたとき，数万件といった大量の教師データが必要になるといわれています．とはいえ，大量のデータを集めることはとても大変な作業になります．

　そこで，よく使用されるのがデータ拡張という手法です．元の教師画像に，左右反転や回転といった少しの変化を加えることで，新しい教師画像を作り出し，教師データ数を水増しする手法です．データ拡張によって画像認識の精度が向上することは既知の事実となっています．

　本章では，GANを使ってデータ拡張してみます．GANを使って「枝豆画像と似たような画像」を大量に作り出し，それを教師データとすることで，のちほど説明する枝豆識別機の精度向上を

図1 ディープ・ラーニング・アルゴリズムGANで生成した枝豆の画像

図れないかと考えました.

■ プログラミング環境

実験向けに作成したJupyter Notebook ファイルは,私の GitHub アカウントで公開しています. 下記手順でJupyter Notebook を読み出すことで,自分の環境で実験を再現できます.

1. Colaboratoryサイトをブラウザで開く
   https://colab.research.google.com
2. メニューから［ファイル］→［ノートブックを開く...］ を選択
3. GITHUBタブを選択
4. 検索欄に「https://github.com/workpiles/ soybeans_sorter」を入力
5. soybeans_sorter.ipynbをクリックして開く

■ GAN の基礎知識

● 競いながら精度を高めていく敵対的生成ネットワーク

GANは敵対的生成ネットワークと訳されます. Googleの機械学習のリサーチ・サイエンティストであるイアン・グッドフェローらが2014年に発案したアルゴリズム[1]で,2つの敵対するネットワークが競い合いながら学習を行い精度を高めていく点が特徴です.

このアルゴリズムは,よく偽札業者と警察との関係に例えられます. 偽札業者は警察に見破られないような偽札を作ろうと学習します. 反対に,警察は紙幣を調べ,それが偽札か本物かを見破れるように学習します. お互いが切磋琢磨(イタチごっこ)することによって偽札業者はより精巧な偽札を作れるようになり,警察は見破るための鑑定眼を鍛えていきます.

● ニューラル・ネットワークの構造

　具体的なニューラル・ネットワークの構造を**図2**に示します.
偽札業者はGenerator(以下, G), 警察はDiscriminator(以下, D)
が担っています. まず, Gは任意のサイズのノイズ(＝乱数)zから
画像サイズのデータを生成します. Dには, Gが生成したデータ
G(z)と本物のデータxとが入力されて, 入力されたデータが本物
か偽物かを識別します.

　Dは, 偽物と本物を正しく判別する確率を最大化する方向に自
身のニューラル・ネットワークを強化していきます. Gは, Dに
誤認識させ正しく判別する確率を最小化する方向に自身のニュー
ラル・ネットワークを強化していきます.

● 今回使った拡張アルゴリズムConditional-GAN

　GANの拡張としてConditional-GANというアルゴリズムが存
在します. GANでは, あるノイズzから生成される画像の種類を
指定することができませんでした. 例えば, 生成した枝豆画像が,
2粒莢なのか3粒莢なのかを意図的にコントロールすることはで
きません. この生成画像の種類を意図的にコントロールするため
の手法がConditional-GANです.

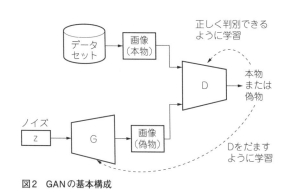

図2　GANの基本構成

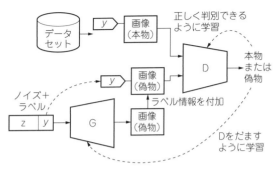

図3　Conditonal-GANの基本構成

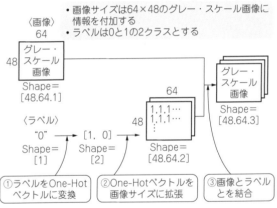

- 画像サイズは64×48のグレー・スケール画像に情報を付加する
- ラベルは0と1の2クラスとする

図4　ラベル情報を画像に加える方法

　Conditional-GANのアイディアは，GとDの入力にラベル情報などの付加情報を含めることによって，生成画像をコントロールするというものです．Conditional-GANの構成を**図3**に示します．今回の枝豆の場合だと，Gの入力となるノイズzにラベル情報を連結してGの入力とします．同じく，Dへの入力画像にもラベル情報を連結して入力とします．画像へのラベル情報の付加は，One-hot表現のラベル情報を**図4**のように変換して，画像に付加

62

します．Dは付加されたラベル情報も参考にしながら，本物の画像か偽物の画像かを判断できるように学習していきます．Gは，Dをだますためには2粒莢画像は本物の2粒莢画像に似せ，3粒莢画像は本物の3粒莢画像に似せる必要があり，そのように学習していきます．もちろん，同じようにラベル以外の情報を加えることも可能です．例えば，顔画像の場合ならメガネの有無や髪型などです．このように，GANにCondition情報を含めたアルゴリズムがConditional-GANです．

■ GAN敵対的画像生成プログラム

● まず偽造例Generatorを構築する

具体的に枝豆画像を生成するニューラル・ネットワーク(G)を作成します．Kerasを用いたプログラムを**リスト1**に示します．入力はノイズz(100次元)とラベルのOne-Hot表現(2次元)を連結した102次元ベクトル・データになります(**リスト1**の①)．

この102次元データに対し，畳み込みとアップ・サンプリングを繰り返すことで，画像サイズの48×64×1次元までデータを拡張していきます(拡張過程については，**リスト1**のコメント参照)．なお，アップ・サンプリングとは**図5**に示すようにデータを拡大する処理です．

● 相手となる見やぶる側Discriminatorの構築

次に，本物と偽物を判別するニューラル・ネットワーク(D)を作成します．Kerasを用いたプログラムを**リスト2**に示します．入力は画像(48×64×1次元)とラベルのOne-Hot表現(2次元)を変換したものを連結した48×64×3次元ベクトル・データになります(**リスト2**の①)．この48×64×3次元データに対し，畳み込みを行いながら次元数を減らしていき，最終的には本物/偽物を表す2次元ベクトルに変換します．

リスト1　Generatorを構築するプログラム

```
def build_generator():
  noize_input = Input(shape=[100])           #入力は100次元の潜在変数とラベル
  cond_input = Input(shape=[CLASSES])
  model_input = concatenate([noize_input, cond_input], axis=1) ①
  x = Dense(256*6*8, kernel_initializer=RandomNormal
                          (stddev=0.02))(model_input) #102->256*6*8
  x = BatchNormalization(momentum=0.8)(x)
  x = Activation('relu')(x)
  x = Reshape([6, 8, 256])(x) #256*6*8-> 6x8x256
  x = UpSampling2D()(x) #6x8x256->12x16x256
  x = Conv2D(128, kernel_size=5, padding='same',
                    kernel_initializer=RandomNormal(stddev=0.02))(x)
                                           #12x16x256->12x16x128
  x = BatchNormalization(momentum=0.8)(x)
  x = Activation('relu')(x)
  x = UpSampling2D()(x) #12x16x128->24x32x128
  x = Conv2D(64, kernel_size=3, padding='same',
                    kernel_initializer=RandomNormal(stddev=0.02))(x)
                                              #24x32x128->24x32x64
  x = BatchNormalization(momentum=0.8)(x)
  x = Activation('relu')(x)
  x = UpSampling2D()(x) #24x32x64->48x64x64
  x = Conv2D(32, kernel_size=3, padding='same',
                    kernel_initializer=RandomNormal(stddev=0.02))(x)
                                              #48x64x64->48x64x32
  x = BatchNormalization(momentum=0.8)(x)
  x = Activation('relu')(x)
  x = Conv2D(IMAGE_CHANNEL, kernel_size=3,
                    padding='same', kernel_initializer=RandomNormal
                                 (stddev=0.02))(x) #48x64x32->48x64x1
  model_output = Activation('sigmoid')(x)

  model = Model([noize_input, cond_input], model_output)
  return model
```

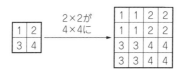

図5　アップ・サンプリング処理

　これは一般的に画像認識に使用される畳み込みニューラル・ネットワークとほぼ同じ構成ですが，プーリング層は使わずに畳み込み層のストライドを2にしていること，活性化関数にLeakyReLUを用いていることなどが異なります．GANは学習が

リスト2　Discriminatorを構築するプログラム

```
def build_discriminator():
  image_input = Input(shape=[IMAGE_HEIGHT,
                             IMAGE_WIDTH,IMAGE_CHANNEL])  #入力は画像
  cond_input = Input(shape=[CLASSES])                     #とラベル
  cond_ = Reshape([1, 1, CLASSES])(cond_input)
  cond_ = UpSampling2D(size=(IMAGE_HEIGHT, IMAGE_WIDTH))(cond_)
  model_input = concatenate([image_input, cond_], axis=-1)
                             #画像とラベルを連結  shape=48x64x3①
  x = Conv2D(32, kernel_size=5, strides=2,
                  padding='same', kernel_initializer=RandomNormal
                    (stddev=0.02))(model_input) #48x64x3->24x32x32
  x = LeakyReLU(0.2)(x)
  x = Dropout(0.25)(x)
  x = Conv2D(64, kernel_size=5, strides=2,
                  padding='same', kernel_initializer=RandomNormal
                            (stddev=0.02))(x) #24x32x32->12x16x64
  x = LeakyReLU(0.2)(x)
  x = Dropout(0.25)(x)
  x = Conv2D(128, kernel_size=5, strides=2,
                  padding='same', kernel_initializer=RandomNormal
                           (stddev=0.02))(x) #12x16x64->6x8x128
  x = LeakyReLU(0.2)(x)
  x = Dropout(0.25)(x)
  x = Flatten()(x) #6x8x128->6*8*128
  x = Dense(256)(x) #6*8*128->256
  x = LeakyReLU(0.2)(x)
  x = Dropout(0.25)(x)
  model_output = Dense(2, activation='softmax')(x) #256->2

  model = Model([image_input, cond_input], model_output)
  return model
```

安定しないことで知られており，これらの変更を加えることで学習がより安定するとされています．なお，GANに畳み込みニューラル・ネットワークやLeakyReLUなど安定化のための手法を加えたものは，DCGANと呼ばれます[2]．

● GAN学習プログラム

　GANの学習は，Dの学習とGの学習を交互に繰り返すことで行います．学習のフローを図6に，プログラムをリスト3に示します．Gの学習のためのネットワーク構成にはひと工夫必要になります．

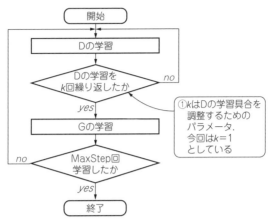

図6 GANの学習フロー

リスト3 GANの学習プログラム

```
#discriminatorの学習モデル
discriminator = build_discriminator()
discriminator.trainable = True
discriminator.compile(loss='categorical_crossentropy',
optimizer=Adam(lr=1e-4), metrics=['acc'])

#generatorの学習モデル…①
generator = build_generator()
z = Input(shape=[100])
cond = Input(shape=[CLASSES])
gen_image = generator([z, cond])
discriminator.trainable = False #Gの学習時はDは学習しない…②
valid = discriminator([gen_image, cond])
combined_model = Model([z, cond], valid)
combined_model.compile(loss='categorical_crossentropy',
optimizer=Adam(lr=1e-4), metrics=['acc'])

def train_gan(max_step=1000, batch_size=32):
  start = time.time()
  datagen = ImageDataGenerator(
    rotation_range=60,
    horizontal_flip=True,
    vertical_flip=True)

  for step in range(max_step):
    #--------------------
    # Discriminatorの学習
    #--------------------
```

```
g = datagen.flow(X_train, y_train, batch_size=batch_size)
images, labels = g.next()

#バッチサイズ分のノイズから画像を生成する
noize = np.random.uniform(0, 1, size=[batch_size, 100])
generated_images = generator.predict([noize, labels])
X = np.concatenate((images, generated_images))
y = np.zeros([batch_size*2, 2])
y[:batch_size, 1] = 1
y[batch_size:, 0] = 1
X_labels = np.concatenate((labels, labels))
d_loss = discriminator.train_on_batch([X, X_labels], y)

#---------------
# Generatorの学習
#---------------
noize = np.random.uniform(0, 1, size=[batch_size, 100])
g_loss = combined_model.train_on_batch([noize,
                                        labels], y[:batch_size,:])

if (step+1) % 1000 == 0:
  print("Step %d : g_acc=%f d_acc=%f"%(step+1,
                                       g_loss[1], d_loss[1]))
  results = generator.predict([noize, labels])
  fig, ax = plt.subplots(1, 10, figsize=(12,2))
  for i in range(10):
    if IMAGE_CHANNEL == 1:
      ax[i].imshow(results[i].reshape(IMAGE_
                                      HEIGHT, IMAGE_WIDTH), cmap='gray')
    else:
      ax[i].imshow(results[i])
    ax[i].axis('off')
    ax[i].set_title("label:%d"%(np.argmax(labels[i])))
  plt.show()
  print("Elapsed Time:%fs"%(time.time() - start))
```

　Gの損失の計算にはDの出力が必要なため，GとDを連結した
ネットワークを使って学習を行います（リスト3の①）．ただし，G
を学習する際にDは学習しないようにする必要があるため，リス
ト3の②でモデルのtrainableをFalseに設定しています．

　一般的にGANの学習は不安定で，上手く学習を進めるための
チューニングが必要になります．DとGをバランスを取りながら
学習させるために，学習回数の比率を変えるなども1つの方法で
す（図6の①）．

● GANによる画像生成の学習

　実際に学習を行ってみました．今回はバッチ・サイズを64，DとGの学習を各1回行う工程を1ステップとし，合計60000ステップの学習を行いました．本物画像として使用するデータは，次章で解説するデータ拡張の手法から，

- 画像回転(0〜60°)
- 上下/左右反転

を適用しています．学習がうまく進んでいるかは，学習途中のGの生成画像を見て確認します．**図7**に，ステップが進むごとの生成画像を示します．徐々に，本物に似た枝豆画像に近づいていくことが確認できます．

■ 画像の自動生成

　学習が終了したら，Gで生成できる画像を確認してみましょう．**図8**に本物画像と生成した画像とを示します．生成画像は若干ぼやけた感じになってしまいましたが，莢の膨らみ具合など人間が見てもそこそこ枝豆と分かる画像を生成できました．

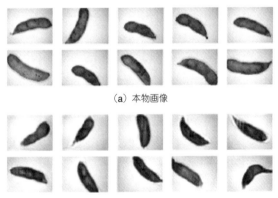

（a）本物画像

（b）GANが生成した画像

図8　敵対的生成ネットワークGANを使って作った枝豆画像

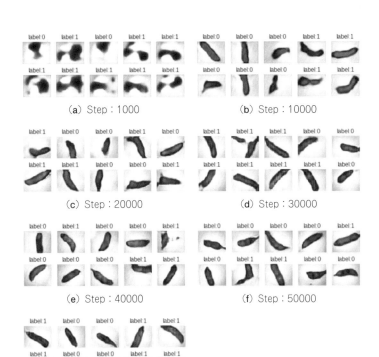

（g）Step：60000

図7 ステップが進むごとの生成画像の変化

　次に，ラベル別の生成画像例を図9に示します．Gの入力として2粒莢のラベルを付加した場合と，3粒莢のラベルを付加した場合とで生成される画像を比較してみます．おおむね，ラベルごとに粒数が異なる画像が生成できていることが確認できます．

　次に，Gを使って400枚の画像を作ってみました．そうすると中には，図10に示すような形が崩れた生成画像も確認できました．明らかに枝豆とは見えない画像が混じってしまうのは，後工程であるCNNを使った判別機を作る際に悪い影響を及ぼすことが懸

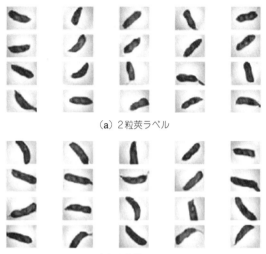

（a）2粒莢ラベル

（b）3粒莢ラベル

図9　ラベル別の生成画像例

図10　生成失敗画像

念されます．このような失敗画像は，Dを使ってある程度は自動
で除けるかもしれません．今回は，Gで生成した画像をDを使っ
て選別することで，本物っぽい画像だけを使用するようにしてい
ます．

◆参考文献◆

(1) Ian J.Goodfellow, et al；"Generative Adversarial Nets".
　https://arxiv.org/abs/1406.2661
(2) Alec Radford, et al；"Unsupervised Representation Learning with Deep
　Convolutional；Generative Adversarial Networks".
　https://arxiv.org/abs/1511.06434

［ステップ5］
枝豆の学習データをさらに増やす画像処理テクニック

■ やること…学習画像データを増やす

　第4章は画像生成アルゴリズムを使って学習用画像を増やすことに成功しました．本章は従来から使われている画像処理を使って，学習用画像を増やしてみます．

● 学習用データが少ないときに

　データ拡張について紹介します．データ拡張は，画像認識の汎化性能を改善するために，とても有効な手法であることが知られています．特に学習用データの数が少ない場合などは，積極的にデータ拡張を使ってデータ量の水増しを行うとよいでしょう．

● Kerasでデータを拡張するなら

　Keras を使って画像のデータ拡張を行う場合は，ImageDataGenerator クラスを使用します．ImageDataGeneratorの使用例をリスト1に示します．

　初めにImageDataGeneratorで行う処理をパラメータとして，ImageDataGeneratorのインスタンスを生成します．処理のパラメータは複数同時に指定できます．

　次に教師データを ImageDataGeneratorへflowすることで，データ拡張を適用した画像のイテレータを取得できるため，後はnext()を呼ぶことで，毎回バッチ・サイズ分のデータ拡張画像を無限に取得できるようになります．

リスト1　画像のデータ拡張をしてくれるImageDataGenerator

```
from keras.preprocessing.image import
                            ImageDataGenerator

#中略

#適用するデータ拡張や前処理の手法を引き数として指定する
#詳細は, https://keras.io/ja/preprocessing/image/
datagen = ImageDataGenerator(
    featurewise_center=True,
    featurewise_std_nomalization=True,
    rotation_range=20,
    width_shift_range=0.2,
    horizontal_flip=True)

#featurewise_center,featurewise_std_normalization
    など, 処理のためにデータセット全体の平均値や標準偏差などの計算が
                        必要な場合は, 事前にfitさせておく必要がある
datagen.fit(X_train)

#モデルの学習に使用する際は, fit_generator関数を使って
                        下記のようにする
model.fit_generator(datagen.flow(X_train, y_train,
                    batch_size=64), epochs=100)

#データ拡張後のデータだけ取得したい場合は, next関数を使って
                        下記のようにする
#next関数を呼ぶ毎にbatch_size分のデータが取得できる
g = datagen.flow(X_train, y_train, batch_size=64)
x, y = g.next()
```

■ 使った画像処理テクニック

　図1の枝豆画像に対して, 10種類の方法でデータ拡張を試してみました.

● 上下/左右反転
　上下/左右反転は, 画像の上下, または左右をランダムに反転させます(**図2, リスト2**).

● 垂直/水平シフト
　垂直/水平シフトは, 画像を垂直方向, または水平方向へランダ

図1　データ拡張処理を適用する前の枝豆画像

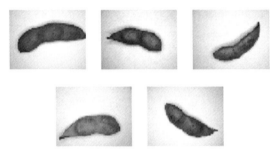

図2　上下/左右反転して画像を増やす

リスト2　上下/左右反転画像生成プログラム

```
datagen = ImageDataGenerator(
  horizontal_flip=True,
  vertical_flip=True)
```

ムにシフトさせます(**図3**, **リスト3**). パラメータとして, 最大シフト量を指定できます.

● **画像回転**

画像回転は, 画像の中心を軸に画像をランダムに回転させます(**図4**, **リスト4**). パラメータとして, 回転する最大角度を指定できます.

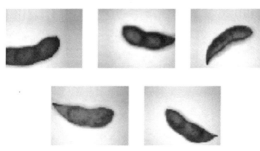

図3　垂直/水平シフトして画像を増やす

リスト3　垂直/水平シフト画像生成プログラム

```
#シフトする移動量を画像サイズに対する比率で指定します
datagen = ImageDataGenerator(
  height_shift_range=0.2,
  width_shift_range=0.2)
```

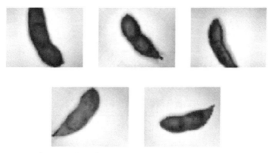

図4　回転して画像を増やす

リスト4　回転画像生成プログラム

```
#回転角度を指定します
datagen = ImageDataGenerator(
  rotation_range=90)
```

● **ズームイン/ズームアウト**

　ズームイン/ズームアウトは，画像をランダムに拡大/縮小します（**図5**，**リスト5**）．パラメータとして，ズームの下限と上限を指

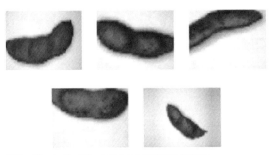

図5　ズームイン/ズームアウトして画像を増やす

リスト5　ズームイン/ズームアウト画像生成プログラム

```
#ズームの比率rを指定します
datagen = ImageDataGenerator(
  zoom_range=0.5)
```

定できます.

● チャネル・シフト

　チャネル・シフトは,画像のチャネルごとに画素値をランダムな幅でシフト(増減)させます(**図6, リスト6**).パラメータとして,シフト量の最大値を指定できます.

● 画像変形

　画像変形(シアー変換)は,画像を斜めに引き伸ばすような変換をランダムに行います(**図7, リスト7**).パラメータとして,シアー強度(半時計回りのシアー角度)を指定できます.

● Random Crop

　Random Cropは元画像に対しひと回り小さい領域をランダムに切り出します(**図8, リスト8**).**図8**は,64×48の元画像からランダムに54×38の画像を切り出した例です.Random Cropは,

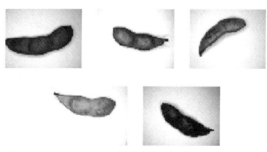

図6　チャネル・シフトして画像を増やす

リスト6　チャネル・シフト画像生成プログラム

```
#シフト量dを指定します
datagen = ImageDataGenerator(
  channel_shift_range=0.6)
```

図7　変形して画像を増やす

リスト7　変形画像生成プログラム

```
#シアー変換の最大シアー角度を指定します
datagen = ImageDataGenerator(
  shear_range=np.pi/2)
```

適用前と後で画像サイズが変わってしまうことに注意してください（変わらないようにパディングを行う場合もある）.

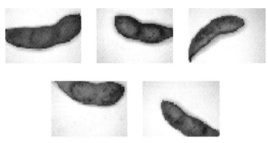

図8　Random Crop して画像を増やす

リスト8　Random Crop画像生成プログラム

```
#random cropはImageDataGeneratorにないため自作します
def random_crop(x, size):
  dx = x.shape[2] - size[0]
  dy = x.shape[1] - size[1]

  dst = []
  for image in x:
    x = np.random.randint(0, dx)
    y = np.random.randint(0, dy)
    dst.append(image[y:y+size[1],x:x+size[0],:])
  return np.array(dst)

cropped = random_crop(X_train, (54, 38))
```

● Cutout

　Cutout[1]は，あるサイズ(元画像の1/2〜1/3ぐらい)の正方形で元画像の一部をマスクします(**図9**, **リスト9**)．マスクする正方形の画素値は，元画像の平均値が用いられます．画像の一部を隠した状態で学習を行うことによって，汎化性能が向上することが報告されています．

● Random Erasing

　Random Erasing[2]も，Cutoutとよく似た手法で画像をマスクします(**図10**, **リスト10**)．Random Erasingは，マスクを適用するかしないかをランダムに決定します．また，マスクする矩形の

図9　Cutout して画像を増やす

リスト9　Cutout画像生成プログラム

```
def cutout(image):
  size = image.shape[1] // 3 #マスクサイズは入力画像の1/3
  center_x = np.random.randint(0, image.shape[1])
  center_y = np.random.randint(0, image.shape[0])
  range_w = np.clip((center_x - size//2, center_x +
                          size//2), 0, image.shape[1])
  range_h = np.clip((center_y - size//2, center_y +
                          size//2), 0, image.shape[0])
  image[range_h[0]:range_h[1],range_w[0]:range_
                          w[1],:] = np.mean(image)
  return image

#preprocessing_functionを使って自作関数を
                          ImageDataGeneratorから使う
datagen = ImageDataGenerator(
  preprocessing_function=cutout)
```

図10　Random Erasing して画像を増やす

リスト10　Random Erasing画像生成プログラム

```python
class RandomErasing():
  def __init__(self, p=0.5, sl=0.02, sh=0.4,
                                      r1=0.3, r2=3.0):
    self.p = p
    self.sl = sl
    self.sh = sh
    self.r1 = r1
    self.r2 = r2

  def transform(self, image):
    if self.p <= np.random.uniform():
      return image

    h, w, c = image.shape
    while True:
      se = np.random.uniform(self.sl, self.sh) * (w * h)
      re = np.random.uniform(self.r1, self.r2)
      he = int(np.sqrt(se * re))
      we = int(np.sqrt(se / re))

      xe = np.random.randint(0, w)
      ye = np.random.randint(0, h)

      if xe + we <= w and ye + he <= h :
        break

    image[ye:ye + he, xe:xe + we, :] = \
            np.random.uniform(0, 1.0, size=(he, we, c))

    return image

#preprocessing_functionを使って自作関数を
                            ImageDataGeneratorから使う
datagen = ImageDataGenerator(
  preprocessing_function=RandomErasing().transform)
```

サイズとアスペクト比もランダムで選択され，選択された矩形領域をランダムな値でマスクします．

● mixup

mixup[3]は，2つの教師データを混ぜ合わせて新しい教師データを作ってしまう手法です．2つの教師データを(x_i, y_i)と(x_j, y_j)とすると，mixupで作り出した教師データ(x, y)は，次の式で求めることができます．

$$x = \lambda x_i + (1 - \lambda)x_j$$
$$y = \lambda y_i + (1 - \lambda)y_j$$

ここで，xは画像データで，yはラベルのOne-Hotベクトルになります．λはベータ分布$Beta(a, a)$からサンプリングした値で，aはハイパ・パラメータです．この手法の特徴は，ラベル・データも混ぜてしまう点です．

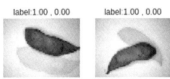

図11 mixupで作った画像とラベル$(a = 0.4)$

リスト11 mixup画像生成プログラム

```
def mixup(images, labels, size=100, alpha=0.2):
  i = np.random.randint(0, images.shape[0], size)
  j = np.random.randint(0, labels.shape[0], size)
  l = np.random.beta(alpha, alpha, size)
                      #Beta分布からsize分のサンプリング

  l_x = l.reshape([size, 1, 1, 1])
  l_y = l.reshape([size, 1])

  #size分をランダムに選択
  x_i = images[i]
  y_i = labels[i]
  x_j = images[j]
  y_j = labels[j]

  x = x_i * l_x + x_j * (1 - l_x)
  y = y_i * l_y + y_j * (1 - l_y)

  return x, y

x, y = mixup(X_train, y_train)
```

mixupで作り出した画像とラベルの例を**図11**に示します．**図11**の左上の画像を見ると，2粒莢が68％で3粒莢が32％の混合画像が生成されていることが確認できます．mixupのプログラムは**リスト11**に示します．このmixupで作り出した教師データを使うことで，CIFER-10の汎化性能が向上したことが文献(3)で報告されています．

◆**参考・引用＊文献**◆

(1) Terrance DeVries, Graham W. Taylor；Improved Regularization of Convolutional Neural Networks with Cutout, 2017,
https://arxiv.org/abs/1708.04552

(2) Zhun Zhong, et al；Random Erasing Data Augmentation, 2017,
https://arxiv.org/abs/1708.04896

(3) Hongyi Zhang, et al；mixup：Beyond Empirical Risk Minimization, 2017,
https://arxiv.org/abs/1710.09412

[ステップ6]
枝豆の画像から学習済みモデルを作成する

これまでに作成したデータセットとデータ拡張の手法を使って，枝豆の2粒莢と3粒莢(**写真1**)を識別するニューラル・ネットワークの学習を行います．前章までで述べた画像の回転や移動，mixup，GANによる画像生成などのデータ拡張手法により，認識精度がどのように変わるのかを実験してみます．

■ 事前に検討したこと

● 画像認識の定番「畳み込みニューラル・ネットワーク」を利用

枝豆の選別を学習するために用いるのは，畳み込みニューラル・ネットワークです．畳み込みニューラル・ネットワークとは，基本的なニューラル・ネットワークの層である全結合層に，畳み込み層とプーリング層を追加したネットワークの総称です．入力画像に対し，畳み込み層で局所的な特徴の抽出，プーリング層で

写真1 2粒入りか3粒入りかを見分けるのは簡単ではなさそう
長さだけでは枝豆の粒の数が分からない

局所的な特徴量をまとめるといった処理を何層にも繰り返すことで，抽象度の高い画像の特徴を抽出する手法で，主に画像認識タスクにおいて著しい成果を挙げています．

今回の枝豆選別も，画像を使った識別タスクであるため，この畳み込みニューラル・ネットワークを用いることにしました．

● **ネットワークの構成**

今回使用した畳み込みニューラル・ネットワークの構成を**図1**に示します．64×48サイズのグレー・スケール画像を入力とし，入力画像が2粒莢である確率と3粒莢である確率を表す2次元ベクトルを出力としています．

プーリング層では，Maxプーリングを行っており，ドロップアウト率は0.5です．各層でのハイパ・パラメータは，次の通りです．

▶**畳み込み層**

- カーネル・サイズ：5×5
- カーネル数：32, 64, 128
- BatchNormalizationでバッチごとに正規化
- 活性化関数：ReLU

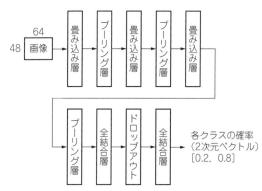

図1 ニューラル・ネットワークを使って学習用画像データを増やす各方法の有効性を検証する

▶ **全結合層**
- ユニット数：256，2
- 活性化関数：ReLU，Softmax（最終）

● 前処理

入力画像のリサイズ，グレー・スケール化，正規化といった処理は，データセット作成時に済ませています．ここでは画像データを255で割り，値を0.0〜1.0に変換することと，ラベル・データをOne-Hotベクトルに変換することだけを行っています．

● データ拡張

前処理を行ったデータに対し，データ拡張を行いました．今回は次の5パターンの方法を試して，認識精度の比較を行っています．

1. データ拡張なし
2. 画像の反転と回転を行った場合
3. mixupを使った場合
4. GANの生成画像を使った場合
5. 2.と4.を同時に行った場合

● 学習

畳み込みニューラル・ネットワークの学習に関するハイパ・パラメータは以下の通りです．今回は比較のため5パターンとも一律にこのパラメータで学習を行い，ハイパ・パラメータ・チューニングは行いませんでした．また，データ拡張を行う画像枚数に1200枚という制限を設け，同じ条件で各手法の比較を行いました．学習結果の評価は，学習を5回実施し，それぞれのテスト・データに対する正答率とF値の平均で行いました．

- エポック数：200

- バッチ・サイズ：64
- 損失関数：クロス・エントロピー
- 最適化関数：Adam
- 学習係数：1×10^{-4}

■ 実験

● その1：データ拡張なし

データ拡張を行わなかった場合の学習の損失と正答率のグラフを**図2**に示します．また，テスト・データに対する平均正答率とF値を**表1**に示します．

図2から75エポックほどで損失はほぼ0に収束しており，早い段階で学習しきってしまったようです．F値は0.88ほどで，この

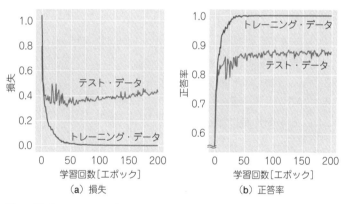

（a）損失　　　　　　（b）正答率

図2　学習線その1：画像データ拡張なし

表1　正答率とF値

	データ拡張なし	反転と回転	mixup	GANの生成画像	GAN＋反転と回転
正答率［×100%］	0.884	0.943	0.878	0.932	0.951
F値	0.879	0.932	0.855	0.921	0.933

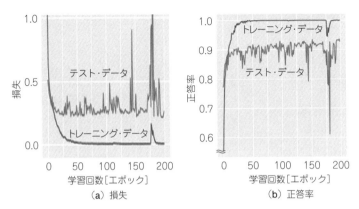

図3　学習結果その2：反転と回転による画像データ拡張

結果をデータ拡張ありの場合と比較する際の基準とします.

● その2：反転と回転によるデータ拡張

　データ拡張として，画像の反転と回転を行った場合の結果です．学習の損失と正答率のグラフを図3に，正答率とF値を表1に示します．F値は0.93となり，データ拡張なしと比較すると0.04ほど精度が向上していることが確認できました．今回の枝豆画像データセットは，もともと枝豆の向きが回転しているような画像が多く含まれているため，データ拡張として画像回転がうまくマッチしたように思います.

● その3：mixupによるデータ拡張

　データ拡張として，mixupを行った場合の結果です．学習の損失と正答率のグラフを図4に，正答率とF値を表1に示します．F値は0.86となり，データ拡張なしと比較して0.02ほど精度が悪化してしまいました．さらに，学習が進むにつれて過学習による精度低下が確認できます．今回の枝豆画像は認識対象である枝豆が

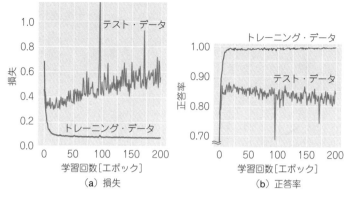

図4 学習結果その3：mixupによる画像データ拡張

画像の中心になく，いろいろな場所に散らばっていたため，CIFAR-10のような結果にはならなかったと考えられます．また，mixupを使うにはデータ拡張の量が少な過ぎたことも要因の1つと考えられます．

● その4：GANによるデータ拡張

データ拡張として，GANの生成画像を使った場合の結果です．学習の損失と正答率のグラフを**図5**に，正答率とF値を**表1**に示します．F値は0.92となり，データ拡張なしと比較すると0.04ほど精度が向上していますが，反転と回転を行った場合と比較すると0.01ほど劣るという結果でした．

この結果から，GANが生成する画像を使って認識精度の向上が可能であることが確認できました．しかし，GANよりも簡単に行える画像反転や回転といった手法と大差なく，コスト・パフォーマンスが悪いという結果になりました．

● その5：GANと反転/回転によるデータ拡張

データ拡張として，GANの生成画像と画像反転，回転を使った

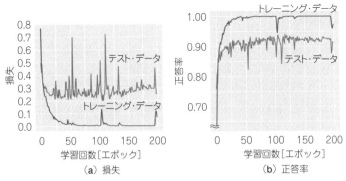

図5　学習結果その4：GANによる画像データ拡張

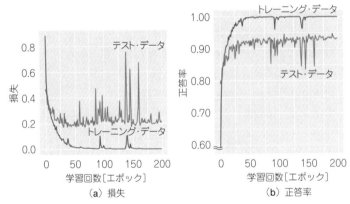

図6　学習結果その5：GANと反転/回転による画像データ拡張

場合の結果です．学習の損失と正答率のグラフを**図6**に，正答率とF値を**表1**に示します．F値は0.933となり，画像反転と回転の場合より0.001とごくわずかに向上しました．また，正答率も0.951と今回行った5パターンの実験の中では，一番高い精度を示しました．

■ 結果

　今回実施した4つのデータ拡張について，正答率とF値を**図7**に示します．GANで生成した偽枝豆画像を使うことで，正答率を向上させられることが確認できました．また，GANと画像回転や反転など，複数のデータ拡張手法を混ぜて適用することで，より正答率を向上できることも確認できました．

　GANによる正答率向上は，画像の反転と回転とほぼ同じ程度でした．これは，GANが教師データである反転・回転画像をうまく真似できてしまったことが要因のように考えられます．教師データの特徴を捉えつつ，教師データにはないばらつきを持った画像を生成できるようなGANに改良できれば，さらなる精度の向上も可能かもしれません．例えばConditional-GANで付加したラベル情報に加え，枝豆の角度や太さなどさまざまなパラメータを追加することで，より多様な画像を生成できるかもしれません．

▶ Google Colaboratory 使用上の注意

　最後に学習済みモデルをローカルPCに保存します．Google

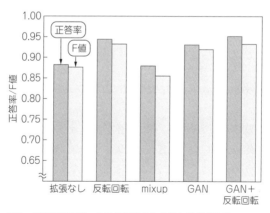

図7　学習用画像データの拡張はそれなりに効果がある
GANは正答率が意外と上がらなかったが，改善の余地がある

90

リスト1　学習済みモデルのダウンロード方法

```
#Google Colabのセルに記述して，セルを実行してください．
import os
from google.colab import files

!ls
files.download('generator.h5')
files.download('combined_model.h5')
files.download('discrimitor.h5')
files.download('cnn0.h5')
files.download('cnn1.h5')
files.download('cnn_mixup.h5')
files.download('cnn_gan0.h5')
files.download('cnn_gan1.h5')
```

Colaboratoryは，使用の制限時間が来ると自動的に環境がリセットされてしまうため，学習済みモデルは終了する前に必ず保存しておきましょう．保存するためのプログラムを**リスト1**に示します．このプログラムを，Colaboratoryのセルに記述して，そのセルを実行します．そうすると，自動的に学習済みモデル・ファイルがダウンロードされます．

## 第2部

体験学習［応用編］キュウリの等級判別

第1章 キュウリに傷を付けずに複数本の等級を同時に判定する

［ステップ1］
マシンの仕様を決める

■ キュウリ用AIのあらまし

● 基本構成

画像認識においては人間の目を超えたとも言われるディープ・ラーニング….

ここでは，「AIキュウリ選別テーブル」を作ってみます(**写真1**，**図1**).

撮影台の上に置いたキュウリをUSBカメラで撮影し，ディープ・ラーニング向けフレームワーク TensorFlowで実装した畳み込みニューラル・ネットワークで9等級に分別(**写真2**，**表1**)します.

写真1 複数本置くだけでリアルタイムにジャンジャン選別してくれるAIテーブルを作る

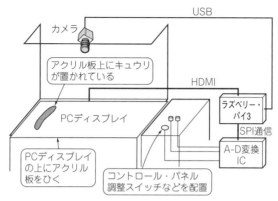

図1 テーブル型キュウリ判別システム
サイズ判定の速度を上げた. 同時に3本のサイズを判定できる

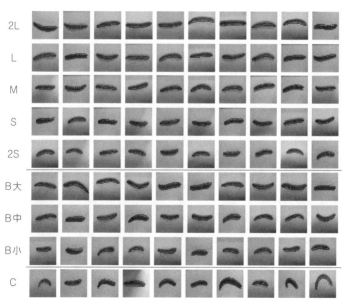

写真2 キュウリは9つの等級に識別して出荷する
それぞれの等級に複数の画像を用意した

表1　キュウリの仕分け基準の例

等　級	秀　品					B品			C品
階　級	2L	L	M	S	2S	大	中	小	－

(a) 等級・階級表

	秀品	B品	C品
曲がり具合	真っ直ぐ←——→曲がっている		
太　さ	均一←→不均一（先細り，先太り）		
色　艶	艶がある←————→艶がない		
傷	ない←————————→ある		

(b) 等級の仕分け基準の例

	2L	L	M	S	2S
長さ	約25cm以上	約23〜25cm	約21〜23cm	約19〜21cm	約17〜19cm

(c) 階級の仕分け基準の例

● AIを人間のトモダチとして使う

　「人工知能のサポートによる作業の効率化」をコンセプトにした，テーブル型の選別システムを製作します（図1）．9種類もあり，慣れないと判断に時間がかかってしまうキュウリの等級判定を，人工知能を使って効率的に行います．収穫してきたキュウリを判定台に載せる工程は人手で行います．そして，人工知能が等級を判断した後，等級ごとの箱にキュウリを傷付けずにきれいに箱詰めする工程も人間に任せます．人工知能＝自動化というイメージもありますが，ここでは人工知能との協働を考えてみました（図2）．複数本を同時に判定できるのが特徴です．

● 製作のきっかけ…選別作業は時間がかかるし素人には難しい

　農家が収穫した作物を卸売市場に出荷する際に，作物の状態により複数の等級に選別して出荷を行っています．例えばキュウリの場合，長さ，太さ，色つや，病気/傷の有無などを見て，9つの

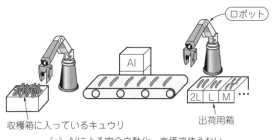

収穫箱に入っているキュウリ

出荷用箱

（a）AIによる完全自動化…高価で使えない

収穫箱に入って
いるキュウリ

PCディスプレイ

Lです

出荷用箱

（b）AIサポートによる効率化

図2　キュウリ自動判別マシンの理想と現実

等級に分けて出荷します（**写真2**）．ところがこれを人間がやろう
とすると…非常に見分けづらいのです．

　昔に比べて機械化されたと言われる農業ですが，巨大な機械を
導入できない小規模農家では，まだまだ手作業が多く残っている
のが現状です．選別もそんな作業の1つで，農繁期には1日8時間
以上かけてキュウリ1本1本を手作業で選別しています．選別の
やり方にも農家のこだわりがあり，それを習得し熟練者と同じ精
度で選別ができるようになるまでには時間をかけた修行も必要と
なります（**写真3**）．

■ 広がる夢

　今回製作するテーブル型選別システムですが，下記のような用
途にも使えるかもしれません．

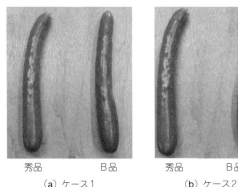

| 秀品 | B品 | 秀品 | B品 |
| (a) ケース1 | | (b) ケース2 | |

写真3　意外と難しいキュウリの等級判断

● **電子工作用テーブル**

　テーブル上に置いたIC，抵抗，コンデンサなどを人工知能が判別して，仕様を自動的にテーブル上に表示します．これで部品の付け間違いもなくなります．

● **逆引き動物辞典**

　テーブルの上で画用紙に動物の絵を書くと，人工知能が動物の特徴を捉え，その動物の情報をリアルタイムでテーブル上に表示します．インタラクティブな児童学習用アプリが作れるかもしれません．

● **ダイエット・テーブル**

　テーブルの上に料理を並べると，人工知能がテーブル上の料理を識別し，並べた料理のカロリや塩分などをテーブル上に表示します．これで食べ過ぎることもなくなります．

● **レシピ提案テーブル**

　テーブル上に食材を並べると，人工知能がテーブル上の食材を

識別し，その食材で作れそうな料理のレシピがテーブル上に表示されます．冷蔵庫の余り物をテーブルに置くだけで夕飯のレシピを簡単に決めることができます．

● パズルお助けテーブル

パズルのピースをテーブル上に広げると，人工知能がピースの形や絵柄を識別し，どのピース同士がつながるかを教えてくれます．途中で投げ出してしまった難解なパズルは，人工知能のサポートを受けて完成させましょう．

■ 仕様決め

● 作物に傷を付けない

以前[1]製作した自動選別機(**写真4**)は，7000枚のキュウリ画像を使って学習を行いました．実際に作成した自動選別機を使ってキュウリの選別をやってみると，以下のような課題が見えてきました．

- ●ベルトコンベアでは運搬時に作物に傷が付く
- ●作業スピードが遅い
- ●作業場の明るさなど周辺環境の影響を受け選別精度が落ちる

特に「作物に傷がつく」という課題については，等級が下がる，または，出荷できなくなってしまうという問題があるので，絶対避けなければなりません．

● 個人でも調達できる価格

以前はディープ・ラーニングを使って選別作業の自動化をコンセプトに開発を進めてきました．しかし，キュウリに傷を付けずに運ぶ，出荷用の箱にきれいに並べるといった部分の実装が難しい(ロボット・アームを使うとかなり高価になってしまう)ため，

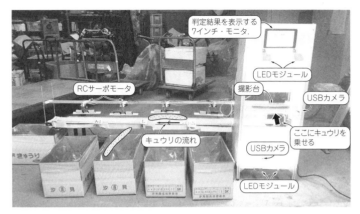

写真4 以前製作したキュウリ自動選別機
ベルトコンベアを使ってキュウリを箱まで運ぶ

今回は少しコンセプトを変えて,『人工知能による自動化』ではな
く,『人工知能のサポートによる作業の効率化』を目指すことにし
ました(**図2**).なお,「小型,安価,部品調達が簡単」という方針
は従来通りです.

　ハウスで収穫したキュウリは大きな入れ物にバラ積みされて農
舎へ運ばれます.運ばれてきたバラ積みの入れ物からキュウリを
取って,等級判断して,箱詰めを行うという一連の動作は従来通
り人間の手で行いますが,等級判断部分に人工知能を使って熟練
者と同じ判断を高速に行えるようにします.

● **複数本の同時判定を可能に**

　以前の選別機はキュウリの等級判断を1本ごとに行っていまし
た.しかし,これでは作業効率が悪いため,複数のキュウリを同
時に判別するような仕組みを考えました.それがテーブル型の選
別装置です.テーブル上部に設置したカメラでテーブル全体を撮
影し,撮影した画像からテーブル上のキュウリの位置と画像を取

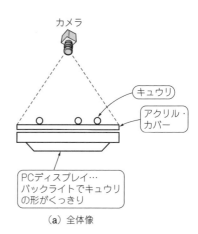

カメラ

キュウリ

アクリル・
カバー

PCディスプレイ…
バックライトでキュウリ
の形がくっきり

（a）全体像

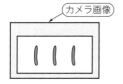

カメラ画像

（b）ステップ1…テーブル画像取得

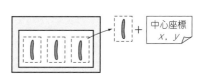

＋ 中心座標
x, y

（c）ステップ2…キュウリ位置と画像を切り出し

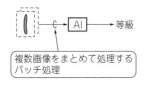

C → AI → 等級

複数画像をまとめて処理する
バッチ処理

（d）ステップ3…AIで等級判定

L M S

（e）ステップ4…キュウリ位置に等級を表示

図3 テーブル型選別システム

得します（**図3**）．取得した複数の画像を一度に人工知能で等級判断（バッチ処理）することでスピードアップを図ります．最後に人工知能が判断した等級情報を元のキュウリ位置に表示することでユーザに結果を示します．

テーブルにはデスクトップPCのディスプレイを横に倒して使用しました．これは，

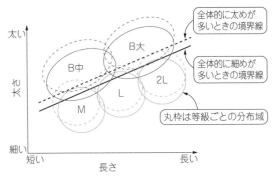

図4 成長時期によって判断基準が変わる

● バックライトによって外環境からの光の影響を抑えキュウ
  リの形をくっきり撮影できる
● テーブルに直接いろいろな情報を表示できることで作業者
  にとっても分かりやすいUIになる

と考えたからです.

　ディスプレイを使う欠点は，USBカメラを複数台使って，上/
下/横の3方向からの画像を取得できなくなってしまい認識精度
が低下することです. 今回は人間の作業のサポートが主目的であ
るため，多少の認識精度の低下は問題なしとしました. カメラが
とらえられないキュウリ裏側の傷や変色などは人間が見てもすぐ
に判断できるためです.

● 仕分け基準のキャリブレーション機能を加える

　過去1年間，キュウリの仕分けシステムを開発してきて分かっ
たことがあります.

　キュウリは季節ごとに成長の度合いが異なり，細めのキュウリ
がたくさんできたり太めのキュウリがたくさんできたりします.
選別の熟練者は，その季節ごとの傾向に合わせて，選別の基準も
うまく調整しているのです（図4）. つまり選別の基準は絶対的な

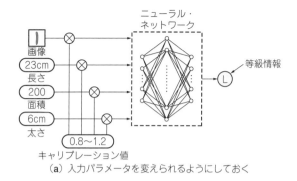

ニューラル・
ネットワーク

等級情報

画像

23cm
長さ

200
面積

6cm
太さ

0.8〜1.2
キャリブレーション値

（a）入力パラメータを変えられるようにしておく

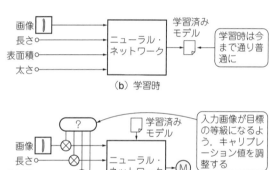

画像

長さ

表面積

太さ

ニューラル・
ネットワーク

学習済み
モデル

学習時は今
まで通り普
通に

（b）学習時

？

学習済み
モデル

入力画像が目標
の等級になるよ
う，キャリブレ
ーション値を調
整する

画像

長さ

表面積

太さ

ニューラル・
ネットワーク

M

（c）判定時

図5　キャリブレーションの仕組み

ものではなく，作物の出来によって相対的に決める必要がありま
す．

しかしニューラル・ネットワークを使った選別では，学習した
判断基準（重みやバイアス）だけでしか判別することができません．

そこで図5に示すように，判定時のニューラル・ネットワーク
への入力をキャリブレーションすることで，ニューラル・ネット
ワークの判定を調整するような仕組みを試してみました．画像だ
けを入力するのではなく，キュウリの大きさの情報（長さ，表面積，

太さ)を数値として入力し，判定時にそれらを調整することで作業者が意図した判断になるよう調整します［図5(c)］.

このキャリブレーション機能がうまく動けば，品種による違いや農家ごとの基準の違いなどにも再学習なしで対応できるかもしれません.

● 運用時には3つのモードを切り替える

より実用的なシステムを目指して，今回の選別システムは下記3つのモードを搭載しました.

▶1, 判定モード

キュウリの等級を判定するモードです. 通常の選別作業を行うときに使用します.

▶2, 学習モード

教師データを更新するモードです. 判定が明らかに間違っているキュウリを発見したら，そのキュウリ画像に正しいラベル情報を加えることで人工知能を再学習させます. システムを使えば使うほど賢くなるようにするための機能です.

▶3, 情報表示モード

今日どれだけの量を選別したかなどの情報を表示するモードです. 過去のデータと比較できる機能も備えており，いわゆるダッシュボード的な機能です.

この3つのモードはテーブル右側のコントロール・パネルに付いたロータリ・スイッチで切り替えられます.

● 部品表

選別システムで使用した部品の一覧を表2に示します. 回路を図6に示します.

表2 テーブル型キュウリ判別システムの部品

品 名	型 式	個 数	用 途
USBカメラ	Logicool C270	1	テーブル画像の取得
23型PCディスプレイ	DELL E2311Hf	1	テーブル
ラズベリー・パイ3	–	1	全制御
1kΩボリューム	SH16K4B102L20KC	3	キャリブレーション用のつまみ
ロータリ・スイッチ	RS-2688-0112-38N	1	モード切り替え
ゲーム・スイッチ	10130035+10135000	1	決定ボタン
A-DコンバータIC	MCP3008-I/P	1	入力のA-D変換

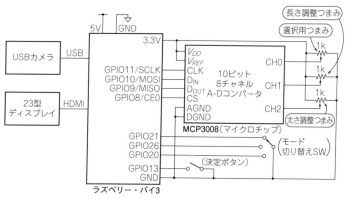

図6 テーブル型キュウリ判別システムの回路

◆参考文献◆

(1) 小池 誠：ラズパイ×Google人工知能…キュウリ自動選別コンピュータ,
   Interface, 2017年3月号, CQ出版社.

ダウンロード・データを使って
ラズベリー・パイをセットアップ

　細かな話は第2章以降で説明するとして，まずキュウリ等級判別マシンを実際に動かしてみます．

　初めにPCを使ってキュウリ画像の学習を行います．そして，次にラズベリー・パイ3を使ってキュウリ画像の判定を行います．

■ キュウリ画像の「学習」

● 環境構築…TensorFlowのインストール

　PCにTensorFlowをインストールします．

　使用するソフトのバージョンは次の通りです．

- Python：2.7
- TensorFlow：1.3.0

　実行には古いバージョンのTensorFlowが必要になりますので，必要に応じPython仮想環境を構築し，その中で実行してください．次に示すのは，Ubuntuの場合の仮想環境構築例です．

1. Python2.7環境の用意（Ubuntuの場合）

   ```
   $virtualenv my_env --python=/usr/bin/
   python2.7
   ```

2. 仮想環境の有効化

   ```
   $source my_env/bin/activate
   ```

3. TensorFlowのインストール

   ```
   $pip install tensorflow==1.3.0
   ```

● 学習用プログラムのダウンロード

　次のダウンロード・ページからプログラム一式をダウンロードして解凍してください．

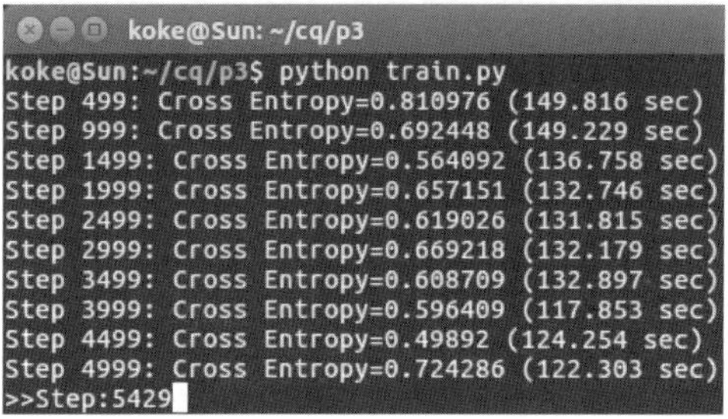

図1 筆者提供の学習用プログラムを実行したときの出力

```
https://img.cqpub.co.jp/pub/interface/
2018/2/IF1802T2.zip
```

● 学習の実行

解凍フォルダで次のコマンドを実行します.

```
$ python train.py
```

実行するとターミナル標準出力に図1のように出力されます.
500ステップごとに損失関数(クロス・エントロピー)の値と, 計算に費やした時間が図1のように表示されます. 学習が終わるとjobフォルダの中にmodel.ckpt-*というファイルとsummaryというフォルダが生成されます.

● 学習具合の確認

学習が順調に進んだかどうかは, 損失関数の収束具合で確認します. TensorFlowに付属しているtensorboardという可視化ツールを使って損失関数の収束具合を確認してみましょう. 学習を行ったフォルダで下記のコマンドを実行してみます.

```
$ tensorboard --logdir job/summary
```

● テスト・データを使って評価

次にテスト・データを使って未知の入力に対し, どれだけうまく分類できるか評価します. 次のコマンドを実行します.

```
$ python eval.py --restore job/model.
```

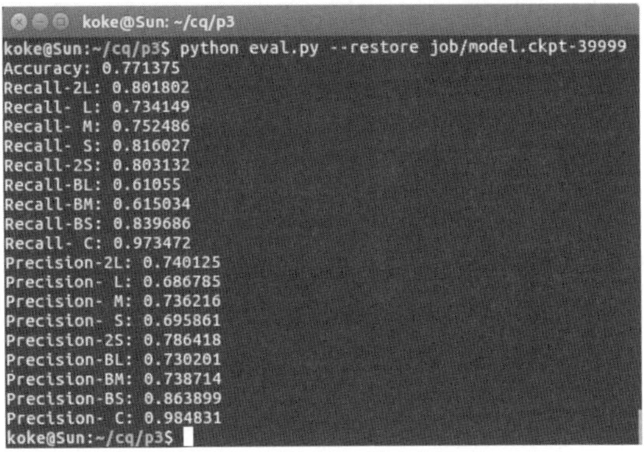

図2 テスト・データを使ってキュウリ分類器を評価する

ckpt-39999

評価が完了すると**図2**のような結果が表示されます．
Accuracyはテスト・データに対する正答率です．また，等級ごとのRecall（再現率），Precision（適合率）も併せて表示されます．

● 学習済みモデルの作成

次に学習済みモデルを作成します．下記のコマンドを実行します．

```
$ python savedmodel.py --restore job/
model.ckpt-39999
```

実行するとmodelという名前のフォルダが作成され，その中にsaved_model.pbとvariablesファイルが生成されていることが確認できると思います．これで学習は終了です．この次は，学習済みモデルを使ってラズベリー・パイ上で作業を行いますので，ここで作成したmodelフォルダをUSBメモリなどに保存しておきます．

■ ラズベリー・パイを使って「判定」

● 環境構築

▶ TensorFlowのインストール

ラズベリー・パイにTensorFlowをインストールします.

▶ OpenCVのインストール

```
$ sudo apt-get install python-opencv
```

▶ Kivyのインストール

```
$ sudo apt-get install python-kivy
```

● ハードウェアの接続

第1章の図6の回路図に従いラズベリー・パイ3にUSBカメラ,ディスプレイ,ロータリ・スイッチなどの部品を接続してください.USBカメラの画角にディスプレイが収まるように,USBカメラを設置してください.

● 判定プログラムのダウンロード

GitHubからソースコード一式をダウンロードしてください.

```
https://github.com/workpiles/cicrops/
releases/tag/beta
```

● 学習済みモデルのセット

USBメモリに保存した学習済みモデル(modelフォルダ内のファイル)を下記のフォルダに上書きします.

```
cicrops/tfmodel/model
```

● 判定プログラムの実行

ダウンロードしたフォルダに移動して,下記のコマンドを実行すると,AI画像判別テーブルが動きます.

```
$ cd cicrops
$ python main.py
```

終了するときは,「Esc」キーを押します.

[ステップ2]
ディープ・ラーニングに使う画像に施す処理のあれこれ

■ キュウリAI画像判別に必要な計算＆計算機

ディープ・ラーニングを使った画像分類を実装するときは，図1に示すように学習と判定の2つのフェーズに分けて行います．

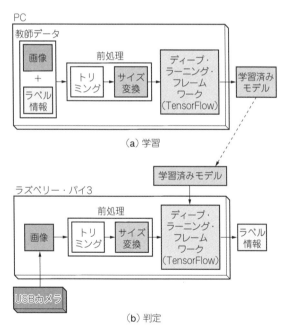

(a) 学習

(b) 判定

図1　キュウリのサイズ判定の信号処理
学習はPCで，判定はラズベリー・パイで行う

109

● その1：学習

　学習フェーズでは，大量の教師画像(事前にラベルを付けた画像，**図2**)を使ってニューラル・ネットワークの訓練を行います．必要に応じ教師画像に対し前処理(トリミングやサイズ変換，**図3**)を行った後，TensorFlowなどの機械学習フレームワークを使ってニューラル・ネットワークの訓練を行い，その結果を学習済みモデルとして出力します[**図1(a)**]．

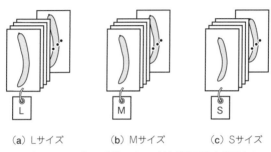

（a）Lサイズ　　　（b）Mサイズ　　　（c）Sサイズ

図2　学習フェーズでは大量のラベル付き教師画像を利用する

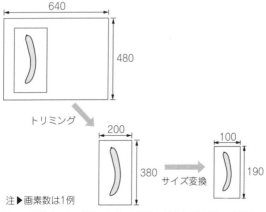

図3　学習データの前処理でよく行うトリミングとサイズ変換

　学習済みモデルには，ニューラル・ネットワークの構成や学習した重み/バイアスなどの情報が含まれています．一般的には，学習時には大量の計算が必要となるため，GPUを搭載したPCが必要になります．もちろんCPUだけでも可能ですが，計算が遅い分，時間がかかります．

● その2：判定

　判定フェーズ[図1(b)]では，学習したモデルを使って実際に画像の識別を行います．USBカメラから取得した画像に対し，学習時と同じ前処理を施します．その画像を，学習済みモデルを読み込んだフレームワークに入力し，クラス分け結果(キュウリの場合は等級情報)を取得します．

　判定フェーズは学習フェーズと比較して，必要となる計算リソースが少ないため，ラズベリー・パイなどの小型コンピュータでも実行可能です．

■ 画像の前処理

　画像識別で使用される前処理(学習/判定フェーズ共通)としては，下記のようなものがあります．挙げたものは一例であり，扱

111

う画像によっては他の手法が有効な場合もあるでしょう.

● トリミング

画像から認識に使用したい領域を切り出す処理です. 例えば表情認識を行いたい場合は, 人物や背景が写った写真から顔の領域だけを切り出して, ニューラル・ネットワークの入力とした方が良い結果が得られます.

顔領域の切り出しなら, OpenCVライブラリのCascadeClassiferクラスなどが利用できます.

● サイズ変換

画像のサイズを変更する処理です. 一般的に画像認識に使用される畳み込みニューラル・ネットワークでは, 固定長の入力を取るため, 入力サイズに合わせて画像サイズを変換する必要があります. また, 経験上, 大きな画像を扱うとそれだけで学習時間が長くなってしまうので, 特徴量を著しく落とさない(人間が見ても判断できる)程度に, 画像サイズを小さくした方が良いでしょう.

色情報が不要な場合はRGB画像をグレー・スケールに変換した方が計算量が少なくなり, 学習にかかる時間を短縮できます. サイズ変換には, TensorFlowライブラリでは以下のメソッドが利用できます.

- `tf.image.resize_images`
- `tf.image.rgb_to_grayscale`

なお, 可変長の画像入力を扱う手法としてSPP(Spatial Pyramid Pooling)というアルゴリズムもあります.

● 正規化

画像のピクセル値をある範囲に変換することで扱いやすくする処理です. 入力値を正規化しておくことで識別精度の向上や学習

の高速化などの効果があることが確認されています．例えば画像ピクセルのRGB値を255で除算して，0.0〜1.0の範囲に変換するなどです．

　その他にも教師画像全体の平均値を減算したり，画像全体の分布を考慮したりして，入力値が平均0，分散1になるように変換するなど，さまざまな手法が考えられています．

● **画像の明るさ/ガンマ値/コントラスト/彩度調整**

　画像の明るさやガンマ値，コントラスト，彩度などは，認識したい画像の特徴をよりはっきりさせるために調整します．TensorFlowライブラリでは以下のメソッドが利用できます．

- `tf.image.adjust_brightness`
- `tf.image.adjust_gamma`
- `tf.image.adjust_contrast`
- `tf.image.adjust_saturation`

　調整をランダムに行うことで教師画像の水増し手法として利用される場合もあります．その場合は学習フェーズでのみ処理を行います．TensorFlowライブラリであれば以下のメソッドが利用できます．

- `tf.image.random_brightness`
- `tf.image.random_contrast`
- `tf.image.random_saturation`

● **データ拡張（学習時のみ）**

　教師データの数が少ない場合などには，データ数を増やすためにデータ拡張（Data Augmentation）という手法がよく用いられます．前処理段階で下記のような画像処理を行うことで，元画像から少し異なる画像を複数枚生成します．なお，データ拡張は学習フェーズの前処理でのみ実施されます．

▶ ランダムCrop

　画像からそれよりも少し小さな領域をランダムに切り出す（元画像の縁を切り落とす）処理です．例えば240×240の画像から220×220の画像を，起点を0〜19の間でランダムに取り，切り出します．これによって画像内での認識対象の位置のズレを考慮した学習を行うことが可能になります．TensorFlowライブラリであれば，tf.random_cropメソッドが利用できます．

▶ ランダムFlip

　画像の上下左右をランダムに反転する処理です．TensorFlowライブラリであれば，以下のメソッドが利用できます．

- tf.image.random_flip_left_right
- tf.image.random_flip_up_down

■ ニューラル・ネットワークの処理

● 画像認識には畳み込みCNNが良い

　画像では，畳み込みニューラル・ネットワーク（CNN）が事実上の業界標準となっています．大規模画像データセットであるImageNetを使用した世界的なコンペティション（ILSVRC）では，近年は全て畳み込みニューラル・ネットワークをベースとしたアルゴリズムが優勝しています．

　畳み込みニューラル・ネットワークの基本的な構成は，入力画像に対して畳み込み層とプーリング層を繰り返し適用した後，全結合層によって教師ラベルとのひも付けを行うというものです．**図4**に3層[注1]の畳み込みニューラル・ネットワークの例を示します．このような構成を基本にネットワーク構成をアレンジしていくことで識別精度を上げていきます（**図5**）．

注1：層の数え方．重みの変数を持つ層（畳み込み，全結合など）を1層とカウントする．

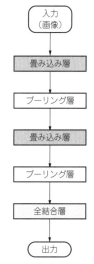

図4 隠れ層が3層の畳み込みニューラル・ネットワーク

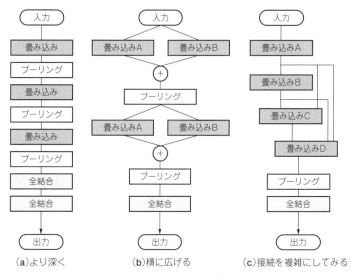

(a)より深く　　　(b)横に広げる　　　(c)接続を複雑にしてみる

図5 畳み込みニューラル・ネットワークのアレンジ例

● 私は基本的な3層のCNNからアレンジ

　ちなみにキュウリ選別機の場合は，この3層の畳み込みニューラル・ネットワークをベースに構成をアレンジしていくことで，識別精度の向上を行ってきました．GPUなどマシン・パワーが豊富にある場合などは，最初からVGG16(16層)やGoogLeNet(22層)など有名なネットワーク構成を試すのも良いと思います．マシン・パワーが乏しい場合は，私のように3層程度の構成から始めてみることをお勧めします．

[ステップ3]
学習用データ「キュウリの画像」の収集＆前処理

■ 教師データとなる画像の収集

ディープ・ラーニング向けフレームワークTensor Flowに渡す学習用データの収集＆加工処理を図1に示します．

まずは教師データを集めます．実際に作成したテーブルの上にキュウリを置き，上部に設置したUSBカメラで画像を集めていきます（図2）．

今回は複数のキュウリが写った画像から1本1本のキュウリ画

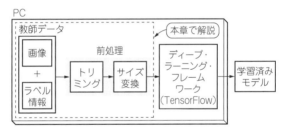

図1　本章でやること・・・学習用画像データを集める

図2　まずは教師データ用のキュウリ画像を集める

117

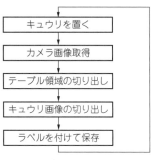

図3 教師データ集めの手順

像を，画像処理を使って切り出して教師データとするため，**図3**
に示す手順で処理を行いました．

● USBカメラから画像の取得

USBカメラからの画像取得は，オープンソースの画像処理ライ
ブラリであるOpenCVを使用しPythonで実装しました．画像取
得部のソースコードを**リスト1**に示します．これにより，USBカ
メラからは**写真1**のような画像が取得できます．

リスト1　USBカメラからの画像取得部のソースコード

```
from __future__ import absolute_import
from __future__ import division
from __future__ import print_function
import cv2

cap = cv2.VideoCapture(0)
cap.set(cv2.cv.CV_CAP_PROP_FRAME_WIDTH, 640)
                              #カメラ解像度の設定
cap.set(cv2.cv.CV_CAP_PROP_FRAME_HEIGHT, 480)
                              #カメラ解像度の設定

while(1):
    _, frame = cap.read() #frame変数に画像データを格納
    key = cv2.waitKey(3) & 0xff #3ms間キー入力を待つ
    if key == ord('s'): #'s'が押された場合は保存処理を行う
        #画像を処理して保存
    elif key == ord('q'): #'q'が押された場合は終了
        break
cap.release()
```

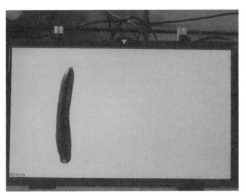

写真1　オリジナルの撮影画像は周辺も写り込んでいてそのまま教師データにはしにくいのでキュウリ部だけ自動抽出させる

▶**開発環境**

- OpenCV 2.4.9.1
- Python 2.7

● **カメラ画像からテーブル領域だけを切り出す**

　USBカメラからは**写真1**のような画像が取得できます．このままではテーブル以外の不要な物も写り込んでいることから，キュウリ以外を誤判定してしまう可能性があります．そこでマーカと射影変換を使って，カメラ画像からテーブル領域だけを切り出します．

　初めにテーブルの四隅にマーカを表示します［**図4(a)**］．次にパターン・マッチングを使ってマーカの位置座標を取得します（**リスト2**）．次に四隅の座標を使って射影変換を行い，テーブル画像に変換します［**図4(b)**，**リスト2**］．

　この処理はプログラム起動時に一度だけ行い，そのときの射影変換に用いるパラメータを保持しておきます．そして，それ以降は保持したパラメータを使って射影変換だけを行います．

(a) 四隅にマーカを表示する

(b) マーカ座標を使って射影変換を行う

図4　自動でキュウリ画像を抽出できるようにマーカを使う

● テーブル画像からキュウリ画像を切り出す

　次にテーブル画像からキュウリの画像を切り出します．ここで
は画像の輝度に注目して白く明るい背景からキュウリの暗い深緑
を切り分け［**図5(a)**，**リスト3**］，キュウリの輪郭情報を抽出しま
す．そしてキュウリの輪郭情報から輪郭に外接する矩形領域を算
出［**図5(b)**］することにより，1本ごとのキュウリの画像を抽出
します．抽出された画像サイズは，キュウリごとに異なります．

リスト2 パターン・マッチングを使ってマーカの位置座標を取得

```python
def patternMatch(src, marker_img_path):
    """
    src画像からmaker_img_pathで示されたマーカー画像を検索して座標を返します
    """
    template = cv2.imread(marker_img_path, 0)
    src_g = cv2.cvtColor(src, cv2.COLOR_BGR2GRAY)
    _, src_g = cv2.threshold(src_g, 120, 255, cv2.THRESH_BINARY)
    res = cv2.matchTemplate(src_g, template, cv2.TM_CCOEFF_NORMED)
    _,_,_,max_loc = cv2.minMaxLoc(res)
    return max_loc

def getPerspectiveMatrix(self,src):
    """
    マーカーが映ったカメラ画像(src)から射影変換パラメータを算出する
    """
    top_left = patternMatch(src, "maker/maker_top_left.jpg")
    top_right = patternMatch(src, "maker/maker_top_right.jpg")
    bottom_left = patternMatch(src, "maker/maker_bottom_left.jpg")
    bottom_right = patternMatch(src, "maker/maker_bottom_right.jpg")

    width = ((top_right[0] - top_left[0]) +
                    (bottom_right[0] - bottom_left[0])) // 2
    height = ((bottom_left[1] - top_left[1]) +
                    (bottom_right[1] - top_right[1])) // 2
    size = (width, height)

    matrix = cv2.getPerspectiveTransform(np.float32
                ([top_left, top_right, bottom_right, bottom_left]),
                    np.float32([(0,0), (size[0], 0),
                        (size[0], size[1]), (0, size[1])]),size)
    self._matrix = matrix #パラメータを保持しておく
    self._size = size #パラメータを保持しておく
    return matrix

    def getTableImage(self,image):
        """
        カメラ画像からテーブル画像を取得する
        """
        assert self._matrix is not None
        return cv2.warpPerspective(image, self._matrix, self._size)
```

● **ラベルを付けて保存**

取得したキュウリ画像はラベル（等級情報）を付けて保存します．今回は2L/L/M/S/2S/B大/B中/B小/Cの9等級のラベルを使用しました．

（a）テーブル画像を2値化する

（b）キュウリの輪郭から　（c）矩形情報を元にキュウリ
　　外接矩形を算出　　　　　画像を切り出す

図5　テーブル画像からキュウリ画像を切り出す

● 訓練用とテスト用に分ける

今回は一度に10本近くのキュウリ画像を効率良く集めることができたので，約1カ月間で等級ごとに4000枚，合計で36000枚の画像を集めることができました．そのうち28800枚（等級ごと3200枚）を訓練用に，7200枚（等級ごと800枚）をテスト用に使用しました．

今回のように教師データを訓練用とテスト用に2分割する方法をホールド・アウト法と言います．最も単純な検証方法ですがデータの分け方によって結果が大きくばらつく懸念もあります．データ数が少なくばらつきが心配される場合には，交差検証法を用いた方がよいかもしれません．

その他にも訓練用，バリデーション用，テスト用に3分割し，バリデーション用をハイパ・パラメータ・チューニングの効果検証に，テスト用を最終的な汎化性能の評価に用いるような場合もあります．

リスト3 テーブル画像からキュウリ画像を切り出す

```python
def getMask(image):
    """
    2値画像に変換する
    """
    gray = cv2.cvtColor(image, cv2.COLOR_BGR2GRAY)
    _, mask = cv2.threshold(gray, 60, 255, cv2.THRESH_BINARY)
    mask = cv2.bitwise_not(mask)
    return mask

def getContours(mask):
    """
    2値画像から物体の輪郭抽出
    """
    contours, _ = cv2.findContours(mask,
                        cv2.RETR_EXTERNAL, cv2.CHAIN_APPROX_SIMPLE)
    rects = []
    areas = []
    for cnt in contours:
        area = cv2.contourArea(cnt)  #表面積を取得
        if area < MIN_OBJECT_SIZE:
                                    #表面積があまりに小さいものはキュウリじゃない
            continue
        center, size, angle = cv2.minAreaRect(cnt)
        if angle < -45:
            size = tuple(reversed(size))
            angle = angle + 90
        rects.append((center, size, angle))
        areas.append(area)
    return rects, areas

def getImageFromContours(src, contours):
    """
    画像から輪郭情報に基づく画像を取得
    """
    images = []
    for center, size, angle in contours:
        matrix = cv2.getRotationMatrix2D(center, angle, 1.0)
        rotate = cv2.warpAffine(src, matrix,
                                (src.shape[1], src.shape[0]),
                                    flags=cv2.INTER_CUBIC)
        crop = rotate[int(center[1] - size[1]/2) :
                      int(center[1] + size[1]/2,
                      int(center[0] - size[0]/2) :
                      int(center[0] + size[0]/2), : ]
        images.append(crop)
    return images

def getCucumberImages(image):
    """
    テーブル画像(image)からキュウリ画像を抽出する
    """
    mask = getMask(image)
    contours, areas = getContours(mask)
    objects = getImageFromContours(image, contours)
    return objects
```

①

■ 画像の前処理

前処理は**図6**に示す方法で行いました．今回は後で選別基準のキャリブレーションの仕組みを入れるために，前処理段階で画像からキュウリの長さ，表面積，太さの指標を算出しています．また，教師画像のサイズが1枚ごとに異なるため，同じサイズになるよう調整を行っています．

● 長さの算出

長さの指標としては，画像の高さ（ピクセル数）を使用しました．具体的には画像データを numpy.ndarray として読み込んだ場合に，下記で取得できる値です．

```
length, _, _ = image.shape
```

なお，今回は画像から算出してみましたが，画像から導出可能な値では，わざわざ画像と分けて値を入力する意味がない気もするので，深度カメラなどを利用すればよかったかもしれません．

● 表面積の算出

表面積の指標としては，**リスト3**に示した「テーブル画像からキュウリ画像を抽出する関数」と同じように，輪郭情報から算出

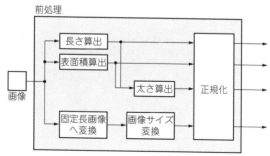

図6　画像の前処理

できます．今回はOpenCVのcountourArea関数を使って算出した値を使用しました（**リスト3①**）．

● 太さの算出

太さの指標としては，表面積÷長さ（＝平均幅）の値を使用しました．

● 画像を固定長データへ変換

集めた教師画像は，全てサイズがばらばらなため，ニューラル・ネットワークに入力できるように固定長のデータへ変換します．今回は高さ100×幅340ピクセルの黒色の背景画像に元画像を貼り付けるという方法で行いました（**図7**）．これは，単純に画像をリサイズするよりも，サイズ感などの情報を残したままの方が認識精度が上がるのではと考えたためです．

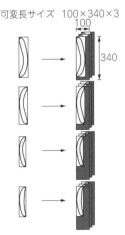

可変長サイズ　100×340×3

図7　画像を固定長データに変換

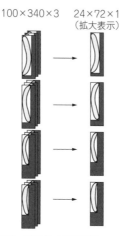

100×340×3   24×72×1
              (拡大表示)

図8　画像サイズの変換

● **画像サイズ変換**

　画像のサイズを縮小します．最終的には処理速度が遅いラズベリー・パイに実装することを考えているので，計算量を減らすために人間が見ても辛うじて判断できるサイズまで縮小することにしました．具体的には100×340のサイズを24×72に，チャネル数をRGB3チャネルからグレー・スケール1チャネルに変換しました（図8）．

● **正規化**

　最後にデータの正規化を行います．長さ，表面積，太さの値については，それぞれ全データの最大値で除算して，0.0～1.0の値を取るようにしました．画像データについても255で除算することで，0.0～1.0の値を取るように正規化を行っています．

[ステップ4]
学習済みモデルの作成

■ 学習に使用したもの

● プログラム

使用したフレームワークはグーグルが提供している TensorFlowです．学習時のユーザ・プログラムとTensorFlowライブラリとの役割分担を**図1**に示します．

学習に使用したPCとソフトウェアの仕様を**表1**に示します．

学習に使用したプログラムはウェブ・ページからダウンロードできます．

デスクトップPC

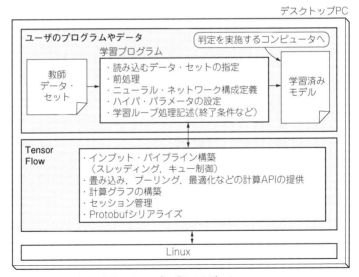

図1 キュウリ識別の学習に用いるプログラムやデータ

127

表1 学習に使用したPCの概要

項　目	詳　細
型名	Magnate EM
メーカ名	ドスパラ
CPU	Core i5 3470
クロック	3.2GHz
GPU	未搭載
RAM	24Gバイト
HDD	1Tバイト
OS	Ubuntu 16.04.2 LTS

（a）ハードウェア構成

ソフトウェア	バージョン
TensorFlow	1.3.0
Python	2.7

（b）ソフトウェアのバージョン

```
http://img.cqpub.co.jp/pub/interface/
2018/2/IF1802T2.zip
```
ダウンロード・プログラムの構成を下記に示します．
```
dataset/…データ・セット
eval.py…テスト・データを使った検証用プログラム
input_data.py…データ・セット読み込み処理
model.py…ニューラル・ネットワーク構成を記述
savedmodel.py…学習済みモデル作成プログラム
train.py…学習用プログラム
util.py…ユーティリティ・プログラム
```

● ニューラル・ネットワーク

　学習に使用した畳み込みニューラル・ネットワークの構成を**図2**に示します．また，TensorFlowでの実装例を**リスト1**に示します．

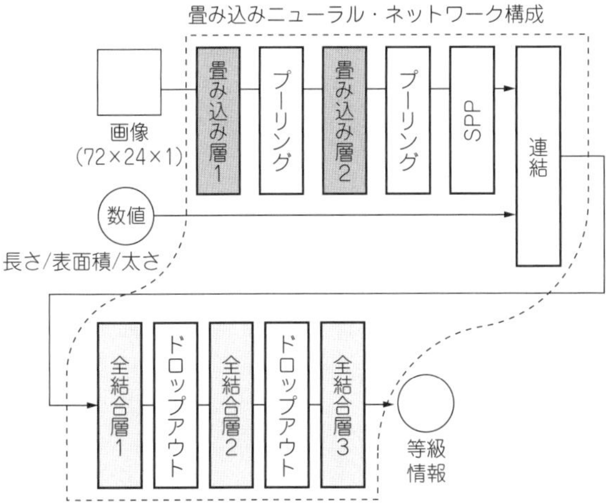

図2　今回の畳み込みニューラル・ネットワークの構成

リスト1　TensorFlowで実装したニューラル・ネットワーク構成

```
from __future__ import absolute_import
from __future__ import division
from __future__ import print_function
import tensorflow as tf
import tensorflow.contrib.slim as slim
import numpy as np

CLASSES = 9

def spp_layer(x, levels, name='SPP_Layer'):
  """Spatial Pyramid Pooling Layer.
  Args:
    x: 入力テンソル
    levels: 分割数, 整数リスト
  """
  shape = x.get_shape().as_list()
  with tf.variable_scope(name):
    pool_outputs = []
    for l in levels:
      size = [1, np.ceil(shape[1] * 1. / l).astype(np.
              int32), np.ceil(shape[2] * 1. / l).astype(np.int32), 1]
      pool = tf.nn.max_pool(x, ksize=size,
                                      strides=size, padding='SAME')
      pool_outputs.append(slim.flatten(pool))
    spp_pool = tf.concat(pool_outputs, 1)
  return spp_pool
```

129

```
def inference(image, length, thickness, area,
                                      keep_prob, is_training):
  """ニューラル・ネットワーク構成.

  Args:
    image: 入力画像,[batch_size, height, width, channel]
    length: 長さ,float32
    area: 表面積,float32
    thickness: 太さ,float32
    keep_prob: ドロップアウトしない率,float32
    is_training: 訓練時はtrueにすること
  """

  with slim.arg_scope([slim.conv2d, slim.fully_connected],
                                      weights_initializer=tf.
                      truncated_normal_initializer(0.0, 0.01)):
    with slim.arg_scope([slim.conv2d],
                                  normalizer_fn=slim.batch_norm):
      with slim.arg_scope([slim.batch_norm], updates_collections=None,
                                  decay=0.9,
                                  is_training=is_training):

        #画像から特徴量抽出
        net = slim.conv2d(image, 16, [5, 5], scope='conv1')
        net = slim.max_pool2d(net, [2, 2], scope='pool1')
        net = slim.conv2d(net, 32, [5, 5], scope='conv2')
        net = slim.max_pool2d(net, [2, 2], scope='pool2')
        net = spp_layer(net, [6, 3, 2, 1])
        with tf.name_scope('concat_values'):
          thickness = tf.reshape(thickness, [-1, 1])
          length = tf.reshape(length, [-1, 1])
          area = tf.reshape(area, [-1, 1])
          net = tf.concat([length, thickness, area, net], 1)

        #--For Summary
        conv_vars = tf.get_collection(tf.GraphKeys.
                                  MODEL_VARIABLES, 'conv')
        for cv in conv_vars:
          tf.summary.histogram(cv.name, cv)
        tf.summary.histogram('feature', net)
        #--

        #全結合層
        net = slim.fully_connected(net, 512, scope='fc1')
        net = slim.dropout(net, keep_prob=keep_prob,
                                          scope='dropout1')
        net = slim.fully_connected(net, 256, scope='fc2')
        net = slim.dropout(net, keep_prob=keep_prob,
                                          scope='dropout2')
        net = slim.fully_connected(net, CLASSES,
            activation_fn=None, normalizer_fn=None, scope='output')
  return net
```

■ ニューラル・ネットワークの「仮」設定

　各層のパラメータ設定は下記の通りです．このパラメータは後でチューニングを行うので，とりあえずの初期値として設定しました．

● 畳み込み層

　畳み込み層の主なパラメータは，フィルタ数，フィルタ・サイズ，ストライド，活性化関数です．また，今回は活性化関数にかける前に出力を正規化するBatch Normalization処理を行っています．正規化を追加することで，学習の進み具合を早める効果が期待できます．初期値を**表2**に示します．

● プーリング層

　プーリング層の主なパラメータはフィルタ・サイズです．また，最大値でプーリングする（Maxプーリング）のか，平均値でプーリングする（Avgプーリング）のかも選択します．初期値を**表3**に示します．

表2　畳み込み層の設定値

項　目 畳み込み層	フィルタ数	フィルタ・サイズ	ストライド	活性化関数	正規化
1	32	5 × 5	[1, 1]	ReLU	Batch Norm
2	64	5 × 5	[1, 1]	ReLU	Batch Norm

表3　プーリング層の主なパラメータ

項　目	フィルタ・サイズ	最大値/平均値
プーリング層	2 × 2	最大値

● SPP層

Spatial Pyramid Pooling(SPP)は，**図3**に示すような少し特殊なプーリングを行います．SPPの主な特徴は，可変長入力を固定長出力に変換することや，画像の変形に対するロバスト性の向上などです．ImageNetを利用した画像認識ニューラル・ネットワークにSPPを適用することで認識精度が向上したという報告[1]も挙がっています．今回は，判定フェーズにおいてキャリブレーションのために入力画像を変形させることがあるため，SPP層を追加することにしてみました．使用したのは4層(1×1，2×2，3×3，6×6)のSPPです．

● 連結層

全結合層の前で，畳み込み層～SPP層で画像から抽出した特徴量と長さ，太さ，表面積の入力値を連結します．この層のパラメ

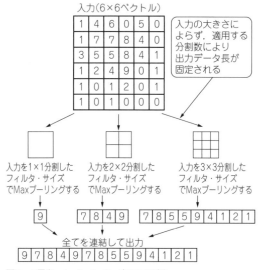

図3　3層(1×1，2×2，3×3)SPPの例

ータはありません.

● 全結合層

全結合層の主なパラメータはユニット数(=出力数)です.今回
のような多クラス分類問題では,最終的に分類したいクラス数の
出力になるようユニット数を設定します.初期値を**表4**に示しま
す.

● ドロップアウト

全結合層の間にドロップアウトを追加しています.ドロップア
ウトとは,ニューロン間の情報伝達をランダムに止めてしまう
(ユニットを不活性にする)処理のことです.これを追加すること
によってニューラル・ネットワークの汎化性能が向上することが
知られています.ドロップアウトのパラメータは,ドロップアウ
ト率です.

なお,TensorFlowのAPIではドロップアウトさせない率
(keep_prob)を使用する場合もあるので注意が必要です(tf.
nn.dropoutはドロップアウトさせない率で,tf.layers.
dropoutやkerasはドロップアウト率を引き数に取る).

初期のドロップアウト率は0.5とします.

● その他の学習パラメータ

ネットワーク構造のパラメータ以外にも,学習時のパラメータ
として**表5**のような項目があります.

表4　全結合層の主なパラメータ

全結合層	ユニット数
1	512
2	256
3(最終出力)	9

表5 ネットワーク構造のパラメータ以外にも学習時のパラメータとしてこのような項目がある

項目	説明	設定値
ミニ・バッチ・サイズ	1回の学習でまとめて処理するデータ数.まとめて処理する数が多いほど学習効率は良くなるが,使用メモリ量も比例して増えるため,あまり大き過ぎると逆に効率を落としてしまう	100
最大ステップ数(エポック数)	ミニ・バッチ・サイズの処理完了を1ステップとし,学習を行うステップ数の最大値.また,訓練データを全て処理し終わったら1エポックと言い,そちらの単位を用いる場合もある.1エポック=(訓練データ数/ミニ・バッチ・サイズ)ステップ	40000ステップ(288エポック)
学習率	誤差逆伝搬法で更新する値の幅.小さすぎると学習の進み(損失関数の収束)が遅くなったり,局所最適解に捕まる可能性が高まったりする.大きすぎても学習が進まない	0.001
最適化関数	誤差逆伝搬法で用いる最適化アルゴリズム.TensorFlowでは,・GradientDescent・Adadelta・Adamなど10種類のAPIが用意されている	Adam

● 多クラス分類問題の損失関数

　今回のような多クラス分類問題では,一般的にクロス・エントロピーが損失関数として用いられます.まず,ニューラル・ネットワーク最終層の出力を,ソフトマックス関数を使って,大小関係を変えずに合計が1になるような正の値に変換します.この値を任意のクラスである確率とみなすことで,ニューラル・ネットワークの出力は離散型確率分布と言えます(**図4**).

　同じように教師データも正解クラスを1,それ以外を0(One-

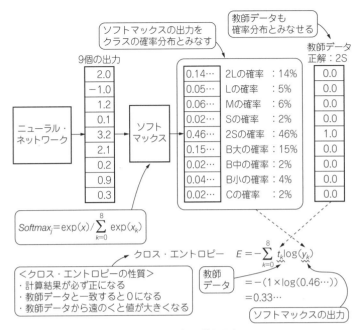

図4 損失関数としてクロス・エントロピーを使う理由

Hot形式，または1-of-K形式と呼ぶ)とすることで，離散型確率分布とみなせます．そして，これらのクロス・エントロピーを計算すると，教師データと一致すれば0，差が開くほど大きくなるといった性質を持つ出力が得られます．

　従ってクロス・エントロピーを損失とすることで，「最適化関数を使って損失を最小にすること」と「ニューラル・ネットワークの出力と教師データを一致させること」は同義となり，効率良く学習を進めることができるようになるのです．

　TensorFlowではこの一連の計算を，

`tf.losses.sparse_softmax_cross_entropy`

で行うことができます．

■ ひとまずの学習結果

● 正答率は最大79%

学習はダウンロード・ファイル中のtrain.pyで試すことが可能です。下記のコマンドで学習を実行できます。

```
$ python train.py⏎
```

設定したパラメータで学習を行いました。図5(a)が損失のグラフです。ステップが進むにつれて損失関数が0付近で収束しており、学習は順調に進んだことが確認できます。図5(b)がテスト用データに対する正答率です。テスト用データに対しては、15000ステップ辺りから正答率が低下しており、過学習していることが

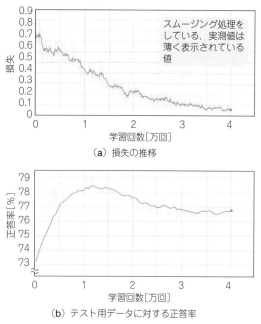

（a）損失の推移

（b）テスト用データに対する正答率

図5 初期パラメータでの学習の進み具合

確認できます。正答率の最大値は，11500 ステップで 79.05% という結果でした．

◆参考文献◆

(1) Spatial Pyramid Pooling in Deep Convolutional Networks for Visual Recognition.
https://arxiv.org/pdf/1406.4729.pdf

(2) Very Deep Convolutional Networks for Large-Scale Image Recognition.
https://arxiv.org/pdf/1409.1556.pdf

(3) Saving and Restoring.
https://www.tensorflow.org/programmers_guide/saved_model

［ステップ5］
学習済みモデルをチューニングして正答率を上げる

■ 正答率を上げるための調査

ここで少しだけハイパ・パラメータ・チューニングを行ってみます．第4章で説明した学習のパラメータをチューニングすることで，正答率がどう変化するのか確認します．

今回は少し手を抜き，チューニング結果の検証に，テスト用データを流用することにしました．本来はチューニング検証用のデータ・セットを別途準備すべきです．なぜならテスト用データをチューニングの検証に使ってしまうと，テスト用データに対し最適化していることになり，本来の汎化性能の検証ができなくなってしまうためです．

加えてハイパ・パラメータの探索空間も最初からかなり狭い範囲で行っています．可能ならもっと広い範囲でランダム・サーチを行い，傾向を見ながら探索範囲を狭めていくといったチューニング方法が良いでしょう．

● 調査①：フィルタ数

まずはフィルタ数のチューニングを行いました．初期値の32，64では過学習してしまいました．過学習の原因の1つに，ニューラル・ネットワークの表現力が高すぎる（＝フィルタ数やユニット数が多すぎる）ことが挙げられます．今回はフィルタ数を少なくするパターンを含めた表1の4パターンで比較してみました．

▶結果

図1(a)に損失のグラフ，図1(b)にテスト用データに対する正

表1 フィルタ数…4パターンで比較した

フィルタ数 畳み込み	hidden_8	hidden_16	hidden_32 （初期値）	hidden_64
1	8	16	32	64
2	16	32	64	128
	パターン1	②	③	④

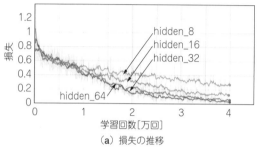

（a）損失の推移

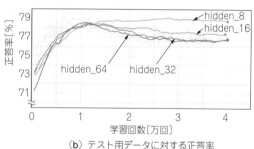

（b）テスト用データに対する正答率

図1 フィルタ数を変えたときの学習の進み具合
今回のような解像度72×24程度の小さな画像であればフィルタ数
は数個に減らしても大丈夫なのかも

答率を示します．フィルタ数を一番少なくしたhidden_8パタ
ーンが最も良い正答率で，79.31％でした．また，グラフから過学
習が抑えられていることが確認できます．今回のような解像度72
×24程度の小さな画像であれば，フィルタ数は数個に減らしても

大丈夫なのかもしれません．なお，以後のチューニングには hidden_8 の設定を使うことにしました．

● **調査②：フィルタ・サイズ**

次にフィルタ・サイズのチューニングを行いました．畳み込みのフィルタ・サイズに決まりはありませんが，一般的には3×3や5×5などの小さなサイズが使われます．これは，大きなフィルタを使って1回畳み込むよりも，小さなフィルタを使って複数回畳み込む方が，よりディープになって（間に非線形変換を挟めることで）表現力が上がり，さらに重みの数を減らせることにより過学習を防ぐ正則化効果があると考えられているためです[2]（**図2**）．加えて小さいフィルタの方がGPUで高速に計算できる点もメリットと考えられます．今回は**表2**に示す3パターンで確認しました．

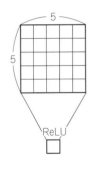

・重み（変数）の数：25
・非線形変換：1回

・重み（変数）の数：18
・非線形変換：2回

（**a**）5×5フィルタを1回の場合　（**b**）3×3フィルタを2回の場合

図2　同じ範囲を畳み込む場合でも小さなフィルタで回数をこなした方が扱うデータ量が少なくて済むことも

表2 フィルタ・サイズ…3パターンで比較した

畳み込み	フィルタ・サイズ	k_size_3	k_size_5（初期値）	k_size_7
1		[3, 3]	[5, 5]	[7, 7]
2		[3, 3]	[5, 5]	[7, 7]
		（パターン1）	②	③

▶結果

図3(a)に損失のグラフ，図3(b)にテスト用データに対する正答率を示します．フィルタ・サイズが7×7の場合に最も正答率が良く79.43%でした．

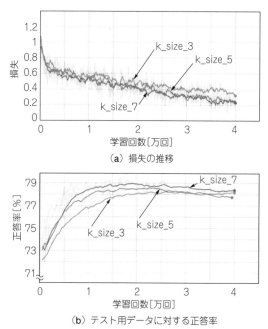

（a）損失の推移

（b）テスト用データに対する正答率

図3 フィルタ・サイズを変えたときの学習の進み具合
7×7の場合に最も正答率が良い

● **調査③：小さいフィルタの多層化**

　7×7のフィルタ・サイズに対し，それを3×3で置き換えた場合
も試してみました．7×7フィルタと同じ範囲を畳み込むためには，
3×3フィルタを3層重ねれば良いのです．

▶**結果**

　図4(a)に損失のグラフ，図4(b)にテスト用データに対する正
答率を示します．結果を見ると今回は7×7フィルタの方が正答
率が高い結果となりました．ただし，損失の推移を見ると十分に

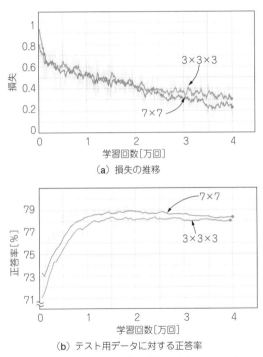

(a) 損失の推移

(b) テスト用データに対する正答率

**図4　小さいフィルタの多層化も試してみた…3×3×3フィ
ルタと7×7フィルタとの違い**
損失の推移を見ると十分に収束しているとは言えない．もう少し学
習が必要かも

収束しているとは言えないようなので，もう少し学習が必要かもしれません．

● 調査④：活性化関数

活性化関数のチューニングです．TensorFlowでは，活性化関数として10種類のAPIが用意されています．今回はその中から，表3に示す4つの関数について試してみました．活性化関数は，畳み込み層と全結合層で同じものを使っています．

▶結果

図5(a)に損失のグラフ，図5(b)にテスト用データに対する正答率を示します．最も良い正答率だったのはReLU関数を使用した場合で，79.25%でした．ただし，損失の推移を見てみると，Sigmoid関数とTanh関数はもう少しステップ数を増やして学習を進められる余地がありそうです．

● 調査⑤：最適化関数のアルゴリズム

次に最適化関数のチューニングです．TensorFlowでは，最適化関数として10種類のAPIが用意されています．今回は，その中から表4に示す4種類について試してみました．

▶結果

図6(a)に損失のグラフ，図6(b)にテスト用データに対する正答率を示します．最も良い正答率だったのはAdam関数を使用した場合で，79.14%でした．損失の推移を見ると，Adam関数以外

表3　活性化関数のチューニング
TensorFlowでは活性化関数として10種類のAPIが用意されている，今回はその中から4つの関数について試してみた

活性化 関数名	elu	ReRU （初期値）	シグモイド	ハイパボリック・ タンジェント
TensorFlow での名称	tf.nn. elu	tf.nn. relu	tf. sigmoid	tf.tanh

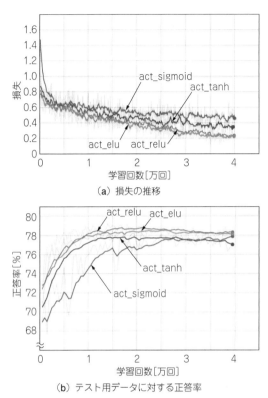

図5　活性化関数を変えたときの学習の進み具合…最も良い正答率だったのはReLU関数

表4　最適化関数のチューニング

TensorFlowでは最適化関数として10種類のAPIが用意されている．今回はその中から4つの種類について試してみた

最適化関数	学　習
gdo	tf.train.GradientDescentOptimizer
rmsprop	tf.train.RMSPropOptimizer
adagrad	tf.train.AdagradOptimizer
adam（初期値）	tf.train.AdamOptimizer

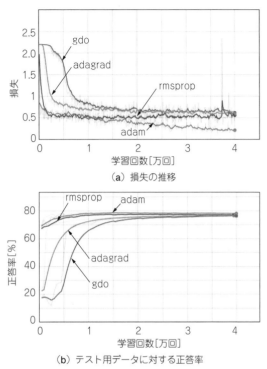

(a) 損失の推移

(b) テスト用データに対する正答率

図6　最適化関数を変えたときの学習の進み具合…Adam関数以外は0.5付近で収束してしまって上手く学習できていない

は0.5付近で収束してしまって，うまく学習できていないように見えます．

● 調査⑥：学習率

次に学習率のチューニングです．学習率は大きすぎても，小さすぎても学習の進みが悪くなります．今回は**表5**に示す5パターンで学習の進み具合を確認してみました．最大ステップ数を8000として，収束具合を確認してみます．

表5 学習率のチューニング
学習率は大きすぎても小さすぎても進みが悪くなる. 今回は5パターン
で学習の進み具合を確認した

パターン	1	2	3	4	5
学習率	1e-1	1e-2	1e-3	1e-4	1e-5

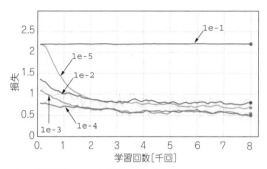

図7 学習率を変えると学習はどう進むのか
1e-3, 1e-4辺りが比較的学習を効率良く進められそう

▶結果

図7に損失のグラフを示します. 1e-1では学習率が大きすぎ
て全く学習が進まないことが確認できます. 1e-3, 1e-4辺り
が比較的学習を効率良く進められそうなことが確認できました.

● 調査⑦:ドロップアウト率

次にドロップアウト率のチューニングです. ドロップアウト率
を上げることで, 過学習を減らす効果が期待できます. **表6**に示
す5パターンで試してみました.

▶結果

図8(a)に損失のグラフ, **図8(b)**にテスト用データに対する正
答率を示します. 最も良い正答率だったのはdropout_0.1で
79.16%でした. 今回の結果を見るとドロップアウト率による傾向

表6　ドロップアウト率のチューニング…今回は5パターンで
試してみた

パターン	ドロップアウト	TensorFlowでの名称
1	0.1	dropout_0.1
2	0.3	dropout_0.3
3	0.5	dropout_0.5（初期値）
4	0.7	dropout_0.7
5	0.9	dropout_0.9

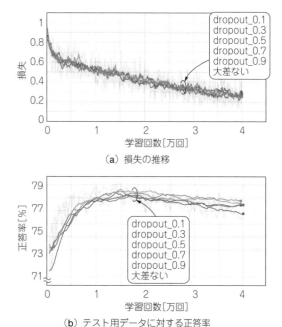

（a）損失の推移

（b）テスト用データに対する正答率

図8　ドロップアウト率を変えても学習の進み具合は変わらな
かった

の違いはないように見えます．もともとフィルタ数を減らし表現
力を抑制していたためだと考えられます．

■ チューニングした学習済みモデルの作成

● 調査結果を踏まえてパラメータを変更する

　ハイパ・パラメータ・チューニングの結果も踏まえ，初期パラメータから下記パラメータを変更したニューラル・ネットワークを使用することにしました．

- フィルタ数：16, 32　→　8, 16
- フィルタ・サイズ：5×5　→　7×7
- ドロップアウト率：0.5　→　0.1

この構成での正答率は79.43 %でした．

● 実行

　最後に学習済みモデルの作成を行います．ダウンロードしたファイル中のsavedmodel.py(**リスト1**，**リスト2**)が作成用プログラムになります．今回の場合は下記コマンドで作成を試すことができます．

```
$ python savedmodel.py --restore ./
model.ckpt-????↵
```

(?は変換対象のステップ数)

リスト1　SavedModelの作成部分(`savedmodel.py`)(抜粋)

```
builder = tf.saved_model.builder.
SavedModelBuilder('./model')
with tf.Session(graph=tf.Graph()) as sess:
  ...(中略)

  builder.add_meta_graph_and_variables(sess,
    [tf.saved_model.tag_constants.SERVING],
    signature_def_map={tf.saved_model.signature_
      constants.DEFAULT_SERVING_SIGNATURE_DEF_KEY :
                                  signature_def},
  )

  builder.save()
```

リスト2 学習済みモデルの出力（savedmodel.py）（抜粋）

```
#グラフ再構築・・・①
 ph_images = tf.placeholder(tf.float32,
shape=[None, FLAGS.input_height,
                 FLAGS.input_width, FLAGS.input_ch])
 ph_lengths = tf.placeholder(tf.float32)
 ph_widths = tf.placeholder(tf.float32)
 ph_areas = tf.placeholder(tf.float32)

 logits = inference(ph_images, ph_lengths,
                    ph_widths, ph_areas, 1.0, False)
 accuracies = tf.nn.softmax(logits,
                                name='accuracies')
 _,predicts = tf.nn.top_k(accuracies, k=2,
                                name='predicts')

 saver = tf.train.Saver()
 saver.restore(sess, FLAGS.restore)
                            #学習した変数をレストア

#シグネチャ・マップの作成・・・②
 input_signatures = {
  'images': tf.saved_model.utils.
                    build_tensor_info(ph_images),
  'lengths': tf.saved_model.utils.
                    build_tensor_info(ph_lengths),
  'widths': tf.saved_model.utils.
                    build_tensor_info(ph_widths),
  'areas': tf.saved_model.utils.
                    build_tensor_info(ph_areas),
 }

 output_signatures = {
  'predicts': tf.saved_model.utils.
                    build_tensor_info(predicts),
  'accuracies': tf.saved_model.utils.
                    build_tensor_info(accuracies),
 }

 signature_def = tf.saved_model.
          signature_def_utils.build_signature_def(
    input_signatures,
    output_signatures,
    tf.saved_model.signature_constants.
                            PREDICT_METHOD_NAME
 )
```

TensorFlow ではr1.0以降は，SavedModelの使用が推奨され
ています[3]．公式ガイドでは，SavedModelとは重みやバイアス
などの変数とグラフ，およびグラフのメタデータを含む言語に依

存しない回復可能なハーメチック(密閉)なシリアル化フォーマットと説明されています. **リスト1**がSavedModelを作成するためのソースコード(抜粋)になります.

SavedModelの作成には, SavedModelBuilderを使用します. 基本的な使い方は, 学習が終わった後に, `builder.add_meta_graph_and_variables`でグラフや変数情報を`builder`に追加し, `build.save`でファイルに出力します.

`add_meta_graph_and_variables`は, 第1引き数にセッション, 第2引き数にグラフのタグ, 第3引き数にシグネチャ・マップを指定します. まず, タグは保存したグラフを識別するための文字列になります.

● **入出力にアクセスするためのシグネチャ・マップを作成**

シグネチャ・マップはグラフの入力や出力にアクセスしやすくするために指定するものです. 各PlaceholderやTensorオブジェクトへのアクセスを助けます.

シグネチャ・マップの作り方を今回の例で説明します. **図9**にSavedModel出力用に整形したグラフを示します. 入力層として画像, 長さ, 太さ, 表面積のPlaceholderを用意しました. また, この後システムに組み込むことを考慮して, システムで使用する各等級の確率(`tf.nn.softmax`の出力)と上位2位までの等級情報(`tf.nn.top_k`の出力)を出力として追加しました(**リスト2①**). この入力と出力の情報を基にシグネチャ・マップを作成します(**リスト2②**). シグネチャ・マップを用意しておくことで, 組み込んだシステム側で使用する際にマップ・キーを頼りに目的の入出力にアクセスすることが可能になります(使用側については次章を参照).

最終的に`builder.save`で`./model`フォルダ内にモデルが保存されます. ファイル容量は2.5Mバイトほどです.

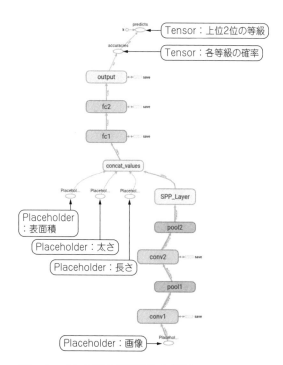

予測値 predicts — Tensor：上位2位の等級

accuracies — Tensor：各等級の確率

output — save

fc2 — save

fc1 — save

concat_values

Placeholder：表面積

Placeholder：太さ

Placeholder：長さ

SPP_Layer

pool2

conv2 — save

pool1

conv1 — save

Placeholder：画像

図9 SavedModel出力用に整形したグラフ
ダウンロードしたファイル中のsavedmodel.pyが作成用プログラムになる

◆参考文献◆

(1) Spatial Pyramid Pooling in Deep Convolutional Networks for Visual Recognition.

　https://arxiv.org/pdf/1406.4729.pdf

(2) Very Deep Convolutional Networks for Large-Scale Image Recognition.

　https://arxiv.org/pdf/1409.1556.pdf

(3) Saving and Restoring.

　https://www.tensorflow.org/programmers_guide/saved_model

[ステップ6]
キュウリ等級判別マシンの製作

　今回は学習済みモデル(第5章までで作成)を使って,ラズベリー・パイ上でキュウリの等級判定を行います.**図1**が判定を行うシステム構成,**図2**がソフトウェア構成です.小型で持ち運びが楽なラズベリー・パイ3を使用しました.使用時の条件を**表1**に示します.使用した主なソフトウェアは以下です.

　フレームワーク:TensorFlow

　アプリケーション作成:Kivy

　KivyとはNUI(Natural User Interface)アプリケーション開発のためのオープンソースのPythonライブラリです.判定システムのプログラムについては私のGitHubからダウンロードできます.

```
https://github.com/workpiles/cicrops/
releases/tag/beta
```

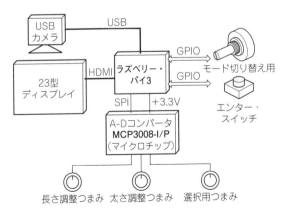

図1　キュウリのサイズ判定を行う装置の全体構成

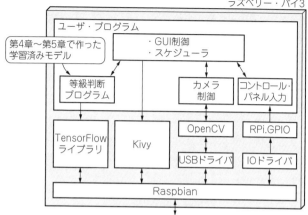

図2 ラズベリー・パイ上のソフトウェアやライブラリの構成

**表1 ラズベリー・パイ3
で使ったソフトウェアの
バージョンなど**

項　目	詳　細
クロック	1.2GHz
GPU	未使用
OS	Raspbian（2016-5-27）
TensorFlow	1.1.0
Kivy	1.8.0
Python	2.7

ダウンロード・プログラムの全体構成を**図3**に示します.

■ 判定処理の流れ

● ステップ1：画像取得＆テーブル領域検出

判定システムの処理の流れを**図4**に示します. プログラム起動
後は, まずテーブル領域の検出を行い, カメラ画像からテーブル
領域を切り出せるように準備します. 次に, モード切り替えスイ
ッチの状態を確認し, 各モードへ遷移します. 本章では判定モー
ドについて解説します.

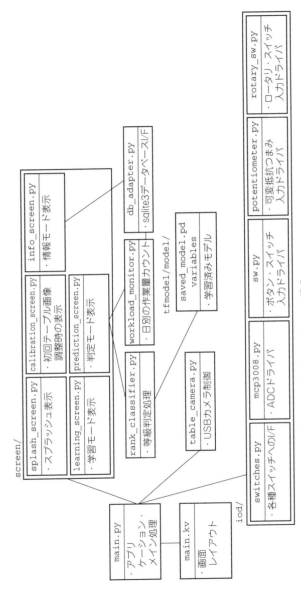

screen/

splash_screen.py	calibration_screen.py	info_screen.py
・スプラッシュ表示	・初回データ画像 調整時の表示	・情報モード表示

learning_screen.py	prediction_screen.py
・学習モード表示	・判定モード表示

rank_classifier.py	workload_monitor.py	db_adapter.py
・等級判定処理	・日別の作業量カウント	・sqlite3データベースI/F

table_camera.py
・USBカメラ制御

tfmodel/model/

saved_model.pd
variables
・学習済みモデル

iod/

switches.py	mcp3008.py	sw.py	potentiometer.py	rotary_sw.py
・各種スイッチへのI/F	・ADCドライバ	・ボタン・スイッチ 入力ドライバ	・可変抵抗つまみ 入力ドライバ	・ロータリ・スイッチ 入力ドライバ

main.py
・アプリケーション・メイン処理

main.kv
・画面レイアウト

図3 ダウンロード・データとして提供するプログラムのファイル構成

155

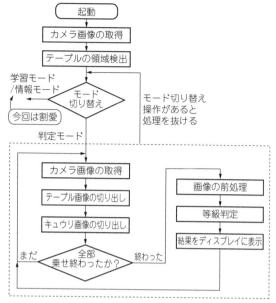

図4　キュウリのサイズ判定装置のフローチャート

● ステップ2：キュウリを乗せ終わったか確認

判定モードでは，

1. カメラ画像の取得
2. **テーブル画像の切り出し**
3. キュウリ画像の切り出し

を行い，テーブル上にあるキュウリ画像を取得します．

　ここで選別作業者がテーブルにキュウリを乗せている途中の画像（**写真1**）では意味がないので，キュウリ画像の切り出し処理の後にテーブル上に全てキュウリを乗せ終わったかどうかの判定を行います．判定方法は，切り出したキュウリ画像の数とその中心位置座標が4フレーム変化しなかった場合に乗せ終わったと判断することにしました（**図5**）．

写真1
キュウリを乗せ終わった
ことを判定する機能がな
いと手が写り込んでしまう

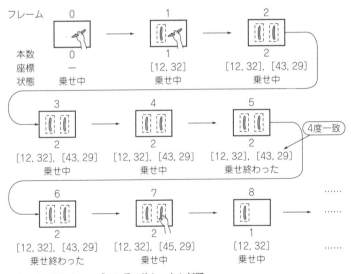

フレーム

0	1	2
本数 0	1	2
座標 －	[12, 32]	[12, 32], [43, 29]
状態 乗せ中	乗せ中	乗せ中

3	4	5
2	2	2
[12, 32], [43, 29]	[12, 32], [43, 29]	[12, 32], [43, 29]
乗せ中	乗せ中	乗せ終わった

4度一致

6	7	8	……
2	2	1	……
[12, 32], [43, 29]	[12, 32], [45, 29]	[12, 32]	……
乗せ終わった	乗せ中	乗せ中	……

図5 キュウリをテーブルに乗せ終わったか判断

● **ステップ3：等級の判定＆表示**

キュウリをテーブルに乗せ終わったと判断したら，切り出した

157

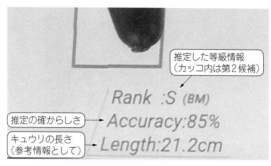

推定した等級情報
（カッコ内は第2候補）

Rank :S (BM)

推定の確からしさ → Accuracy:85%

キュウリの長さ
（参考情報として） → Length:21.2cm

図6　判定結果の表示例

キュウリ画像を前処理にかけ，学習済みモデルを使って等級を判断します．そして最後に，判定した結果をテーブル上の該当キュウリの位置に表示します（**図6**）．なお，表示している長さ情報はニューラル・ネットワークの推論値ではなく，単純に画像ピクセルから概算した数値になります．

■ 判定結果調整用にキャリブレーション機能の追加

ニューラル・ネットワーク判定結果を調整するために画像の前処理にキャリブレーションの仕組みを追加します（**写真2**）．

システム筐体に設置したコントロール・パネルの長さ調整つまみと太さ調整つまみの位置を取得し，位置によって−20〜＋20％の範囲で入力画像を調整します（**図7**）．長さ調整つまみで入力画像の縦方向の長さを伸縮させ，太さ調整つまみで入力画像の横方向の幅を伸縮させます．そして伸縮させた画像に対して前処理を行うことで，伸縮させた画像，長さ，太さ，表面積を取得し，ニューラル・ネットワークへの入力とします．

■ 学習済みモデルのラズパイへの取り込み

次に学習済みモデルを使って等級を判断する部分について解説

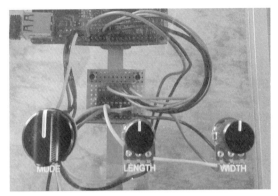

写真2 太さと長さの調整つまみ
人工知能に認識させる画像を−20〜＋20％の範囲で調整できる

します(**図8**). まずはPCで制作した学習済みモデルの取り込み
を行います(**リスト1**). 第5章の最後で出力したSavedModel
(modelフォルダ以下のファイル)をラズベリー・パイへコピー
します. そして, tf.saved_model.loader.loadにモデ
ル保存時のタグとSavedModelへのパスを指定して取り込みを行
います. 次に, 保存時に設定したシグネチャから入力と出力のア
クセス・ポイントを取得します(**リスト1①**). 後はそれを使って
判定を実行するだけです(**リスト1②**).

■ 実際に使ってみた

● 農舎へ

いつも農作業を行っている農舎へ作ったシステムを持ち込んで,
実際に判定を行ってみました. 評価方法は, 初めに熟練作業者が
選別したキュウリを再度このシステムで選別し, 判定が一致して
いるかどうかを確認しました.

表2に熟練者の判断に対しシステムが判断した等級ごとの本数
を示します. 今回は収穫最初期に実施したため, 等級はL/M/S/

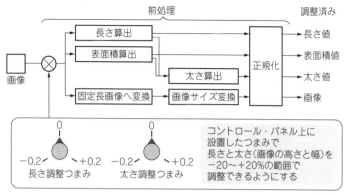

（a）前処理の前に画像を調整する

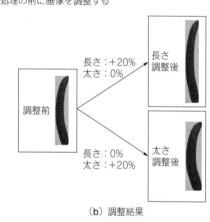

図7　画像の前処理にキャリブ
レーション機能を追加

（b）調整結果

2S/B中/B小/Cの7等級だけです．

● 正答率は73.3％

　正答率は73.3％（624/851本）となりました．テスト・データを用
いた場合と比較して約6％ほど精度が低下してしまいました．結
果を見るとMとB中，2SとB小の間で多く判断ミスがあること
が確認できました．

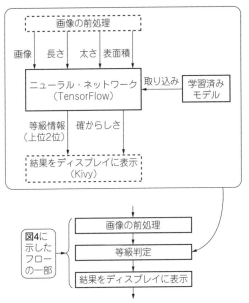

図8　判定処理として説明する部分

　認識精度が低下した原因としては，収穫初期のキュウリは最も
寸胴型になる時期で，普段ならB品と判断する太めのキュウリも
秀品と判断する必要があるのに対し，太さのキャリブレーション
で調整しきれない部分があったと考えられます．

● キャリブレーション部分
　次にキャリブレーションの仕組みについて実験してみました．
こちらはテスト用データ・セットを使って机上での実験になりま
す．M等級のキュウリ110本に対し，長さの調整を行った結果を
図9に，太さの調整を行った結果を図10に示します．キャリブレ
ーション値0は何も調整しなかった場合であり，0を基準に
−10%，−5%，+5%，+10%を確認しました．

リスト1　学習済みモデルの取り込み
保存時に設定したシグネチャから入力と出力のアクセス・ポイントを取得

```
(中略)
def get_tensor_from_tensor_info(sess, tensor_info):
  #Instead of tf.saved_model.utils.get_tensor_from_
                                       tensor_info[TF r1.3]
  name = tensor_info.name
  return sess.graph.get_tensor_by_name(name)

with tf.Session(graph=tf.Graph()) as sess:
  meta_graph = tf.saved_model.loader.load(sess,
                              [tf.saved_model.tag_constants.SERVING],
                               export_dir='./model')

#シグネチャからアクセスポイントの取得・・・①
  signature = meta_graph.signature_def[tf.saved_model.signature_
                     constants.DEFAULT_SERVING_SIGNATURE_DEF_KEY]
  images = get_tensor_from_tensor_info(sess,
                                 signature.inputs['images'])
  lengths = get_tensor_from_tensor_info(sess,
                                 signature.inputs['lengths'])
  widths = get_tensor_from_tensor_info(sess,
                                 signature.inputs['widths'])
  areas = get_tensor_from_tensor_info(sess,
                                 signature.inputs['areas'])
  predicts = get_tensor_from_tensor_info(sess,
                                 signature.outputs['predicts'])
  accuracies = get_tensor_from_tensor_info(sess,
                                 signature.outputs['accuracies'])

(中略)
  feed_dict = {images: 画像データ, lengths: 長さ値,
                              widths: 太さ値, areas: 表面積値}
  predicts_val, accuracies_val = sess.run([predicts,
                 accuracies], feed_dict = feed_dict) #判定の実行・・・②
```

表2　実環境での評価結果

システムの判断＼熟練者の判断	M	S	2S	B中	B小	C	適合率
M	128	2	0	2	0	0	97.0%
S	27	137	7	12	1	0	74.5%
2S	0	33	120	6	32	0	62.8%
B大	3	0	0	3	0	0	―
B中	41	13	3	93	1	0	61.6%
B小	0	4	32	5	71	0	63.4%
C	0	0	0	0	0	75	100.0%
再現率	64.3%	72.5%	74.1%	76.9%	67.6%	100.0%	―

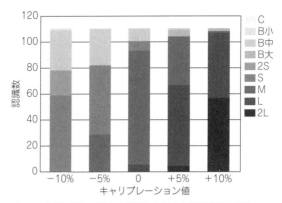

図9　M等級に対して長さを調整した場合の認識等級の変化

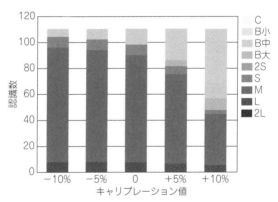

図10　M等級に対して太さを調整した場合の認識等級の変化

　まず，長さの結果を見ると，長さを長くするとL，2Lと判定する本数が増えていき，逆に短くするとB小，B中と判定する本数が増えていくことが確認できました．おおむね期待通りの調整ができています．

　次に，太さの結果を見ると，太さを太くするとB中，B大と判定する本数が増えていき，逆に細くするとB中，B小の本数が減

っていくことが確認できました．こちらも期待通りの結果ではありますが，長さの調整と比べると変化が少ないことが確認できました．実用を考えるとまだ改良が必要と思われます．

● 他の野菜でも試してみたい

　今回作成したテーブル型の選別システムは，キュウリに限らず他の野菜でも使うことができます（**写真3**）．もちろんTensorFlowを使った学習を対象の野菜でやり直す必要があります．テーブル型UIの表示方法として，今回のキュウリの場合は秀品を赤枠で囲う，B/C品のは緑枠で囲うという表示にしています．このように等級ごとに表示色を変えることで「小難しい選別作業」を「同じ色を集める作業」に変換できます．テーブル型UIは，他の野菜でも割と使いやすいUIなのではないかと思います．

写真3　たくさんの唐辛子のサイズを一気に判別することも可能になる

ディープ・ラーニングを効率良く行う
工夫のあれこれ

　第6章までで紹介したキュウリ選別機の開発は，仕様検討から実装まで，約半年ほどかけて行っています．ここでは人工知能の開発部分，つまり，データ収集から判定システム作成までにどのくらいの時間がかかるのか述べたいと思います．また，時間を短縮するためにできそうなことも考えているので，紹介しておきます．

■ くふう①…教師データ集めの効率化

　今回は36,000枚のキュウリ画像を集めました．1日に集められる枚数には限界があったため，全てを集めるまでには約1カ月かかりました．実際の作業時間から換算してみると1時間に600枚ほどの画像を集めていました．

　今回は第2章で述べたように，画像処理を用いて一度に複数画像を取り込むプログラムを使うことで効率良く画像を集めることができました．とはいえ，やはり機械学習を始める上でハードルとなるのがこのデータ集めだと思います．そこで教師データを集める方法について，幾つか紹介したいと思います．

● くふう①-1…公開データ・セットを流用する

　手っ取り早いのが，既に収集されて公開されているデータ・セットを使う方法です．特に，初めて機械学習を試してみようというときには，手軽に始められるのでおすすめです．表1に画像認識の入門として使えそうな画像データ・セットを示します．

● くふう①-2…反転とかちょっと加工した画像も使う

　画像データを水増しする手法です．元となる1枚の画像にさま

表1　画像認識の入門として流用できそうな画像データ・セット

名　称	概　要
MNIST	28×28の手書き数字画像．7万枚，10カテゴリ http://yann.lecun.com/exdb/mnist/
CIFER-10, CIFER-100	さまざまな物体が写った32×32のカラー画像．6万枚， 10/100カテゴリ http://www.cs.toronto.edu/~kriz/cifar.html
Fashion-MNIST	ズボンやシャツなどファッション・アイテムのMNISTフォーマットな画像．7万枚，10カテゴリ https://github.com/zalandoresearch/fashion-mnist/
The Quick, Draw! dataset	手書きイラスト画像． 345カテゴリの画像が50万枚 https://github.com/googlecreativelab/quickdraw-dataset
Labeled Face in the Wild	インターネットで集めた有名人の顔画像． 約5800人の顔画像と名前がセットになったデータ http://vis-www.cs.umass.edu/lfw/
Food-101	料理画像． 101カテゴリの料理画像が10万枚 https://www.vision.ee.ethz.ch/datasets_extra/food-101/
Cucumber-9	筆者が作ったキュウリ画像． 9カテゴリのキュウリ画像が8400枚 https://github.com/workpiles/CUCUMBER-9

ざまな画像処理を行うことで，元画像から少し異なる複数の画像を生成して学習に利用します．例えば64×64の画像から，52×52の画像をランダムに10枚切り出し，上下左右を反転させ，明るさをランダムに5パターン変更するだけで，1枚の元画像から200枚の画像を作り出すことが可能です．

　教師画像を数十枚しか集められない場合などには，データ拡張を使ってデータの水増しを行うと，認識精度が向上するかもしれません．

● くふう①-3…3次元CGモデルを使って画像を大量に生成する

　教師データを集める方法として，収集するのではなく，作り出

してしまうという手法もあります[5]．最近のゲームを見ると，3DCG技術は現実世界と遜色ないレベルまで来ています．そこでUnityなどのゲーム・エンジンを使って教師データを作ってしまおうという方法です．

ゲーム・エンジンを使うことで，カメラの位置，光源の位置，背景などのパラメータを変えた画像を瞬時に大量に生成できます．ゲーム・エンジンを使いこなせる人が近くにいる場合は，試してみる価値があるかもしれません．

■ くふう②…学習の高速化

教師データが集まったら，次はニューラル・ネットワークの学習です．学習にかかる時間は，ニューラル・ネットワークの構成や繰り返しの回数，そして学習を行うPCの計算リソースによるところが大きいため一概に言えませんが，今回の条件（第3章参照）では約3時間でした．ただし，認識精度を上げるためにはハイパ・パラメータ・チューニングを行うことも考えなくてはなりません．その場合は1回3時間の学習を何十回と繰り返す必要が出てきます．

学習の高速化には，やはり最新のGPUを追加するなどハードウェアの強化が一番だと思いますが，それ以外でできそうなことを下記に上げてみました．

● くふう②-1…小さな構成から始める

学習にかかる時間は，入力画像サイズやチャネル数，学習変数（フィルタ数やユニット数）の数に比例して増加します．初めから大きな画像や何十層もあるネットワークを使うと，結果が出るまでに膨大な時間をむだにしてしまうかもしれません．初めは小さな構成から始めて，学習の進み具合（損失関数の収束具合や訓練データ/テスト・データに対する正答率）をモニタしつつ構成を決めていく方が良いでしょう．

● 学習のトラブルあるある

▶その1…損失関数が大きな値で収束した（訓練データに対する正答率が上がらない）

原因：ニューラル・ネットワークの表現力が低過ぎる

対策：学習変数を増やしてみる（層を深くしたり，フィルタ数/ユニット数を増やしたりする）

▶その2…損失関数が0付近で収束したがテスト・データに対する正答率が上がらない

原因：ニューラル・ネットワークの表現力が高すぎる．または教師データ数が少なすぎる

対策：学習変数を減らしてみる．データ拡張で教師データを増やしてみる

● くふう②-2…学習結果の一部を他に流用する転移学習

　既に学習済みのニューラル・ネットワークを使って，後半の全結合層だけを学習する手法です．ImageNetなどの大規模データ・セットで学習した前半の畳み込み層を，他の認識問題に流用できることが知られており，特に教師データ数が少ない場合などに有効な手法として使われています．誤差逆伝搬による更新が後半の2〜3層に限定されるため高速に学習を行うことができます．TensorFlowでの転移学習に利用できる学習済みモデルが下記URLで公開されています．

```
https://github.com/tensorflow/models/
tree/master/research/slim#pre-trained-
models
```

● くふう②-3…クラウド・サービスの活用

　最近は深層学習向けのクラウド・サービスも増えてきました．クラウド・サービスを利用することで，高価なGPUを時間換算で利用でき，安価に学習時間の短縮ができます．

　今回のパイパ・パラメータ・チューニングは，Google Cloud

Platform（GCP）を使って実施しました．GCPでは，NVIDIA Tesla K80（70万円ほどのGPU）を約1.2ドル/hで使用できます．

以下にCPUとGPUの学習を1ステップ進めるのにかかる平均時間を示します．

CPU（Core i5）　　：0.264秒
GPU（Tesla K80）：0.025秒

GPUを使うことで約10倍のスピードアップが確認できました．ただし，学習が終了するまでにかかったトータルの時間は1時間37分で，2倍程度のスピードアップにとどまりました．調べてみるとGCPではストレージからの訓練データの読み込みに時間がかかっていることが分かりました．

デスクトップ環境（SSD）：0.005秒
GCP環境（HDD）　　　：0.095秒

おそらくハードウェア要因（SDDとHDDの差）などが影響しているものと思われます．今回のように数層のニューラル・ネットワークの場合には，教師データの読み出し時間なども考慮して，クラウド・サービスを利用するか検討した方が良さそうです．

■ くふう③…判定結果の見える化

最後に学習済みモデルを使った判定です．TensorFlowでは判定アプリを，デスクトップ・アプリ，ウェブ・アプリ，ウェブAPI，モバイル・アプリなどさまざまな形態で実装できます．

一番簡単な構成としては，デスクトップPC（またはノートPC）とUSBカメラを使って，CUIアプリとして実装する方法でしょう．キュウリの選別機の開発も最初はそのような構成からスタートしました（**写真1**，**図1**）．OpenCVを使用しUSBカメラから画像を取得し，TensorFlowでキュウリの等級を判定し，結果をターミナルに表示するだけのプログラムです．

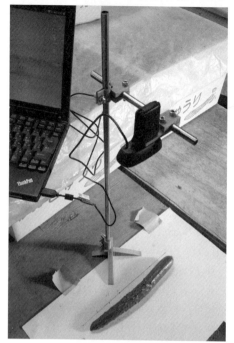

写真1　キュウリのサイズ判定試作1号機

■ まとめ…1日で試せる画像認識

　深層学習で時間がかかる部分は，やはり教師データ集めと学習です．

- 教師データ集めは公開データを使う．または，初めは少ない枚数＋データ拡張
- 学習は3層ぐらいの畳み込みニューラル・ネットワークを使う

といったところから取り掛かってはいかがでしょうか．

　最近ではTensorFlow（Keras），Chainerなどのライブラリを利

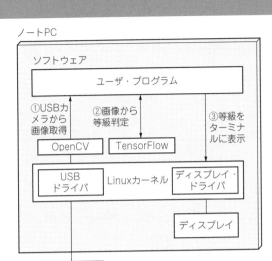

ノートPC

ソフトウェア

ユーザ・プログラム

①USBカメラから画像取得

②画像から等級判定

③等級をターミナルに表示

OpenCV　　TensorFlow

USBドライバ　　Linuxカーネル　　ディスプレイ・ドライバ

ディスプレイ

USBカメラ

図1　キュウリのサイズ判定機の最低限の構成

用することで，深層学習を用いた開発が以前より簡単にできるようになりました．画像認識アプリも1日あれば十分作ることができると思います．

◆参考・引用*文献◆

(1) 小池 誠；ラズパイにON！ Google人工知能，Interface，2017年3月号，pp.23-52，CQ出版社．

(2) Spatial Pyramid Pooling in Deep Convolutional Networks for Visual Recognition.
https://arxiv.org/pdf/1406.4729.pdf

(3) Very Deep Convolutional Networks for Large-Scale Image Recognition.
https://arxiv.org/pdf/1409.1556.pdf

(4) Saving and restoring variables.
https://www.tensorflow.org/programmers_guide/saved_model

(5) Automatic Model Based Dataset Generation for Fast and Accurate Crop and Weeds Detection.
https://arxiv.org/abs/1612.03019

索 引

著者略歴

小池 誠(こいけ まこと)

元組み込みエンジニア.
現在は農業に従事し，TensorFlowを活用したキュウリ
選別機の製作など，ディープ・ラーニング技術の農業活
用に取り組んでいる.

CQ文庫シリーズ
野菜を自動仕分けするAIマシン製作奮闘記

IT農家のラズパイ製ディープ・ラーニング・カメラ

2020年3月1日　初版発行　　　　　　　　　　© 小池　誠 2020

著　者　小池　誠
発行人　寺前　裕司
発行所　CQ出版株式会社
　　　　東京都文京区千石4-29-14(〒112-8619)
電話　出版　　03-5395-2123
　　　　販売　　03-5395-2141

編集担当　仲井 健太/加藤 みどり/野村 英樹
イラスト　神崎 真理子
カバー・表紙　株式会社ナカヤデザイン
DTP　美研プリンティング株式会社
印刷・製本　三共グラフィック株式会社
乱丁・落丁本はご面倒でも小社宛お送りください．送料小社負担にてお取り替えいたします．
定価はカバーに表示してあります．
ISBN978-4-7898-5029-2
Printed in Japan